U0009242

翻轉學

翻轉學

Excel×Python最速仕事術

図解

零基礎入門
Excel×Python
高效工作術

輕鬆匯入大量資料、交叉分析、繪製圖表，
連PDF轉檔都能自動化處理，讓效率倍增

金宏和實──著　蔡明亨──審定　許郁文──譯

目錄

第 1 章　何謂 Python ？

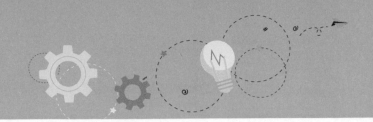

目錄

第 4 章　統計、彙整、交叉分析……也難不倒

目 錄

第 6 章　快速自動繪製統計圖表

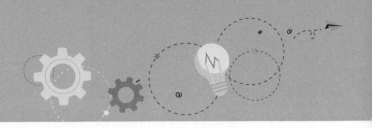

第 **7** 章 多筆資料轉存 PDF

前言
Python 讓 Excel 變得更快、更方便

首先，要感謝購買本書的你。相信每位讀者應該都是從前言讀起，但對作者來說，前言通常是最後才寫的，本書也不例外，是在寫完全文後，邊回顧，邊寫下這段內容。

本書為了降低 Python 的入門門檻，讓更多上班族透過 Python 這套程式語言處理最熟悉的 Excel 檔案，曾多次與負責編輯的日經 BP 出版公司仙石先生開會討論。

身為程式設計師的我在寫這本書時發現，乍看之下很複雜的 Excel，只要利用 Python 將相關的功能寫成程式，就會產生一種「原來 Excel 功能的背後是如此運作的啊」的感覺，也發現 Excel 變得簡單易懂。

放眼一般職場，許多資料或檔案都是以 Excel 製作，此時若想單以 Excel 迅速操作這些資料，可能得另外使用函數，或以 VBA 撰寫巨集程式。這種方式的確很方便，卻也衍生下列問題。

- 不知道這部分的程式有什麼功能。換言之，難以釐清工作表裡的函數、Excel 的功能與 VBA 撰寫的巨集，到底分別負責哪些部分。
- 每位負責人對 Excel 的熟稔度有落差，所以相關的資料很難交接。

　　所以本書才建議採取「用 Excel 建立資料、Python 撰寫程式」的模式。假設這兩個部分能齊頭並進，肯定能更靈活地運用於職場製作的資料。假設本書能成為這個模式的敲門磚，那絕對是作者無比的榮幸。

　　在此，請大家務必讀到最後。

下載範例檔案

本書介紹的主要程式和執行程式所需的檔案,都可從下列網頁下載。

> https://drive.google.com/drive/folders/19e9L6Yzk3MrNPAti4B
> DpK8MTWksZJeLu?usp=sharing

瀏覽上述網頁,下載範例檔案後,會看到有關下載的說明,請依照說明下載檔案。

下載的檔案為 ZIP 格式,其中的「範例檔使用說明.txt」為範例檔的相關說明。

---

* 本書介紹的程式與操作都是基於 2019 年 10 月底的環境撰寫,也是於 Python 3.7.4 的環境驗證程式的執行過程。

** 本書發行後,可能因為作業系統、Excel 的 Microsoft Office 與 Python 的更新而導致書中內容無法正常執行,執行結果也可能不同,還請讀者見諒。

§ 因本書的操作結果造成直接或間接損害時,請使用者自行負責,恕出版社與作者不為此負起任何責任。

第 **1** 章

何謂 Python ？

千岳參加每晚的
Python 研討會

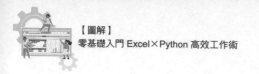

麻美：千岳，好久不見。

千岳到公司附近的餐廳吃午餐，聽到業務助理千田麻美跟他打招呼的聲音。

千岳：麻美啊，我的名字不是千岳啦，我明明就叫千田岳這個歷史悠久的名字。

麻美：有什麼關係，千岳還不是好像很熟的叫我麻美。

千岳：那是因為我們都姓千田啊，哪有什麼辦法。

這兩人在同一時間進入西瑪服飾，又因為名字的筆劃順序被編入同一個新人訓練小組，所以就因此認識。

西瑪服飾是間批發衣料的中小企業，除了批發的相關業務，也在越南設有工廠與子公司，並且推出自有品牌的商品。目前門市的數量雖然不多，但已經設立了直營門市。

麻美：千岳，我在社群網站看到你參加了什麼程式的研討會？怎麼？才剛申請從業務轉到總務部門，這次又想跳槽到IT 企業了嗎？

千岳：才不是！麻美妳知道嗎，現在可是連小學生都在學校學寫程式的時代了喔，我覺得上班族要是對寫程式一竅不通，遲早要被時代淘汰。

麻美：原來是這樣啊，我還以為千岳打算辭掉現在的工作，害我白擔心一場。不過你好像學得很起勁耶？你到底在學什麼啊？

千岳：我在學的是 Python 的程式語言，聽說這種程式語言的程式簡單易讀，學起來也很容易。

麻美：真的嗎？聽起來好像很有趣。千岳也知道嘛，業務就是很常使用 Excel，像富井課長就跟我說過，會寫 Excel VBA 的程式，對工作會很有幫助，但我覺得 Excel VBA 很難耶。Excel VBA 與 Python 有什麼不一樣呢？

千岳：我也才剛開始學，怎麼會知道……

● ●

　　看來這兩個人都對寫程式有興趣。所以接下來，就讓我代替剛開始學習的千岳介紹 Python 是什麼，程式設計又是什麼，然後對各位的工作有什麼幫助吧！

01 | Python 的特徵

若打算學習程式設計，就必須從眾多程式語言中挑一個來學。大家聽過哪些程式語言呢？除了本書介紹的 Python，Java、JavaScript、Ruby、C 語言都是非常普及的程式語言。

千岳選擇 Python 是有理由的，若問上班族再來該學什麼程式語言，當然非 Python 莫屬，讓我從 Python 的特徵來說明原因吧！

程式語言的規格很單純

一如千岳所說，Python 是很容易學習的程式語言，因為規格非常簡單，加上保留字很少，所以才如此容易上手。

False	None	True	and	as	assert	async
await	break	class	continue	def	del	elif
else	except	finally	for	from	global	if
import	in	is	lambda	nonlocal	not	or
pass	raise	return	try	while	with	yield

表 1-1　**Python 的保留字。Python 3.7.4 的保留字只有 35 個**

　　顧名思義，保留字就是為程式語言所保留，具有特別意義的詞彙，例如 True 或 class 就是其中一例。

　　保留字一多，得先理解的保留字或得先背起來的語法就會變多。相較之下，Python 的保留字較少，所以規格也相對單純。

縮排是一種語法

　　剛剛千岳是不是說過「Python 的程式簡單易讀」，這全是因為 Python 有縮排（indentation）這種語法。C、Java 這類程式語言的縮排只是為了方便人類閱讀程式而設計，不具備任何執行指令的語法意義。後文會實際觀察使用了縮排語法的程式範例，每一行程式代表的動作會在後續的章節說明，現在不懂也沒關係。寫完第 1 行程式後，從第 2 行程式開始，所有的縮排都具有語法意義，但目前只需要知道這些縮排與程式執行的動作有關即可。

　　舉例來說，Python 的程式很常出現 if 陳述式這種條件分歧的敘述，而這種陳述式可用來撰寫「當某個條件成立（條件為真）時，就執行某種處理」的程式，其中的處理最少需要以一行程式撰寫，有的則需要好幾行才能寫好（這種代表某種處理的多行程式稱為程式區塊）。有些語言會利用大括號（｛｝）標記這類程式區塊（例如 Java 或 C 語言就是其中之一）。

　　反觀 Python 只要在 if 陳述式結尾的冒號（:）換行，後續所有縮排的程式，都是在 if 陳述式的條件成立之際執行的內容，換言之，就是那些利用縮排對齊行首的程式碼（見下頁圖 1-1）。

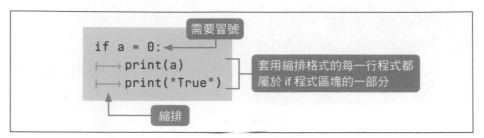

圖 1-1　於條件分歧的 **if** 陳述式使用縮排的範例

除了 if 陳述式，還有許多程式碼需要套用縮排格式（見圖 1-2）。接著，看看於後續章節出現的程式碼。

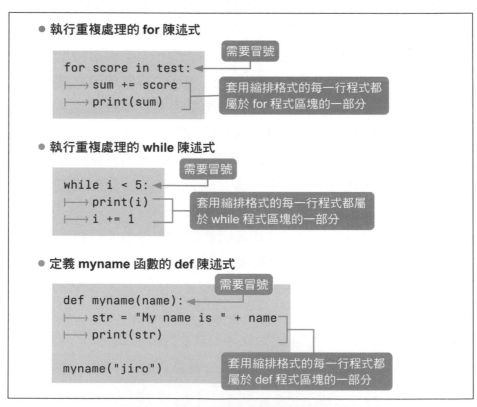

圖 1-2　於其他陳述式使用縮排的範例

這些有深有淺的縮排就是語法的一種，能讓我們一眼看出 while 陳述式、for 陳述式的範圍，也能一眼判斷 if 陳述式的條件成立後，將會執行哪一行到哪一行的程式。

縮排可用 TAB 鍵或空白鍵輸入，但如果同時使用，就無法正確地對齊行首，所以請大家只用 TAB 鍵輸入縮排。本書介紹的 Python IDLE 或 Visual Studio Code 預設在按下 TAB 鍵之後，插入四個空白。縮排的部分會在解說需要縮排的程式碼之際進一步說明。

函式庫豐富，應用範圍廣泛

「明明保留字很少，語言規格很簡單，卻用途多多」，大家是不是覺得這句話很矛盾啊？ Python 的應用範圍之所以如此廣泛，全在於擁有豐富的函式庫，而且又很方便使用。函式庫是一種讓程式使用某些特定目的程式的格式，而 Python 也內建了許多函式庫，以便進行各種處理。

Python 的函式庫分成標準函式庫與外部函式庫兩種（見下頁表 1-2）。

函式庫名稱	主要功能	種類
string	操作字串	標準
re	正規表示法	標準
datetime	操作日期與時間	標準
random	產生亂數	標準
pathlib	物件導向的檔案系統路徑	標準
sqlite3	操作 sqlite3 資料庫的函式庫	標準
zipfile	zip 壓縮	標準
Tkinter	GUI	標準
shutil	進階的檔案操作	標準
NumPy	計算數值	外部
SciPy	科學計算	外部
Pandas	資料分析	外部
Matplotlib	繪製圖表	外部
Pygame	製作遊戲	外部
simplejson	JSON 的編碼與解碼	外部
django	網頁框架	外部
Beautiful Soup	網頁抓取（從 HTML 擷取資訊）	外部
TensorFlow	機械學習	外部

表 1-2　**Python 專用的主要函式庫**

　　標準函式庫會於 Python 安裝之際一併安裝，而外部函式庫則可視情況自行安裝，之後即可以如同使用標準函式庫的方式使用。

　　本書的主題「利用 Python 提升 Excel 的作業效率」之所以得以實現，全是因為 Python 提供了操作 Excel 檔案的函式庫（見下頁表 1-3），本書也將使用 Excel 專用函式庫之中，具更多功能的 openpyxl。

函式庫名稱	主要功能
openpyxl	讀寫 Excel 檔案（.xlsx）
xlrd	讀取 Excel 檔案（.xls、.xlsx）
xlwt	將資料與格式寫入 Excel 檔案（.xls）
xlswrite	將資料與格式寫入 Excel 檔案（.xlsx）

表 1-3　操作 Excel 檔案所需的 Python 專用主要函式庫

　　其他還有能代替 VBA 的 Excel 相關函式庫，但有的很難設定，有的需要付費才能使用，所以本書就不多做介紹。

02 | VBA與Python的差異

　　或許有人覺得「要操作 Excel 的資料，用 VBA 就好了」。麻美的上司富井課長似乎就對 VBA 情有獨鍾。

　　接下來，就為不太了解 VBA 的人說明一下。VBA 是 Visual Basic for Applications 的縮寫，而 Visual Basic 則是 Microsoft 的通用程式語言。

　　這套程式語言是從歷史最久的電腦程式語言 BASIC 發展而來，除了被定位為入門級的程式設計語言，也常用來開發 Windows 環境的程式與系統。

　　接著為大家介紹 for Applications 的 Application（應用程式）。電腦的軟體分成 OS（作業系統＝基本軟體）與應用程式（應用軟體）。若以大家常用的電腦舉例，Windows 10 就是 OS，沒有 OS，電腦就無法運作。

　　應用程式則是於 OS 執行特定任務的軟體，例如試算表軟體、影像編輯軟體、薪資計算軟體都是應用程式。VBA 的 A 所代表的應用程式就是 Excel、Word 這類 Microsoft Office 的軟體，其他還有 Access、PowerPoint 與 Outlook。

　　換句話說，VBA 是專為 Excel 或者 Word 設計，能使用這些 Office 軟體功能，同時以 Visual Basic 為雛型的程式設計語言。

　　VBA 可將 Excel 或 Access 的例行公事轉換成自動處理的程式，也能擴張 Excel 或 Access 的功能，同時還能建立表單，打造一套專用的應用程式系統。VBA 的優點是能在短時間內，根據 Excel 或 Access 的功能打造一套實用的應用程式，所以許多職場都愛用。

　　但 VBA 的缺點就是無法擺脫 Microsoft Office。假設 Excel 或 Access 沒有可用的功能，資料也超過這類軟體所能處理的分量，那麼 VBA 也無法應付需完成的任務，因為 VBA 充其量是在 Excel 或 Access 這類應用軟體執行的程式設計語言。

　　此外，Microsoft Office 也有 Mac 的版本，而 Windows 版的 VBA 與 Mac 版的 VBA 也因為 OS 的不同而出現歧異，尤其 Mac 版 VBA 的功能又比 Windows 版少，所以在 Windows 撰寫的 VBA 程式，基本上無法在 Mac 版使用，而且就算使用相容 Office 的軟體，也一樣無法使用 VBA 程式。換言之，檔案之間有相容性，但 VBA 的程式之間沒有相容性。

　　相較於 VBA 只能於特定平台執行，相容性不足的缺點，通用性較高的 Python 是以直譯器執行，所以能在許多硬體或 OS 執行。

用語解說

直譯語言與編譯語言

　　電腦無法直接執行以程式設計語言撰寫的程式。雖然程式設計師常說自己在「寫程式」，但其實只是根據程式設計語言的語法輸入程式。電腦唯一能執行的程式碼稱為機械語言，人類無法直接輸入這種看不出意義的語言，所以程式設計師輸入的程式語言必須先轉換成電腦能理解的機械語言。負責轉換的是直譯器與編譯器，兩者的執行內容也各有不同。

直譯器會逐行將程式轉換成機械語言，所以電腦也會逐行執行程式。

另一方面，編譯器是先將程式整個轉換成機械語言，只要開啟轉換之後的執行檔，就能執行程式。

安裝 Python 時，會同時安裝支援各種 OS 的直譯器，在不同的 OS 底下，直譯器會幫忙剖析 Python 的程式碼再予以執行。

有些程式設計語言同時具有直譯器與編譯器，例如 Java 這種程式語言會先利用編譯器產生「中間程式碼」，而此時的程式碼還不是機械語言。接著再由各種 OS 的 Java 虛擬機器（Java Virtual Machine）充當直譯器，將程式碼轉換成機械語言再執行。

這裡所說的「各種 OS」是指 Windows、MacOS 與 Linux。大家很常看到 Windows 與 MacOS，但對 Linux 應該不太熟悉吧！其實 UNIX 作業系統的 Linux 很常於伺服器使用，也常應用於家用數位電子產品。

Python 不僅能在 Windows 執行，連在 MacOS、Ubuntu 這類的 Linux OS 也能執行，除了能在上班族常用的電腦執行，也能在網路上的伺服器執行，就連在最常聽到的雲端伺服器都能使用。

Python 還有不需要太多資源就能執行的優點，所以也能在 Raspberry Pi 這類平價單板電腦執行。在此說的資源是指電腦的記憶體與硬碟容量。

由此可知，使用 Python 可寫出相容於多種環境的程式。

雖為初學者設計，卻導致敘述非常迂迴難懂的 VBA

Excel 有一定功力的人，大概會覺得「要操作 Excel 檔案，VBA 還是比較適合吧？」讓我們進一步比較 VBA 與 Python。可能有人會覺得接下來的內容有點難，但有些地方看不懂也沒關係，只要看過一遍就可以。

Visual Basic 是 1990 年代 Microsoft 公司開發的通用程式設計語言，年代久遠，可見一斑，也被歸類為 BASIC 語言的系統。

BASIC（Beginner's All-Purpose Symbolic Instruction Code）是一種誰都能學會與使用的程式設計語言，也在電腦的草創時期受到許多人的喜愛。由於總算出現個人也能設計程式的環境，所以甚至有人興奮地認為，接下來是誰都能開發程式的時代，有點像是現在變成當紅炸子雞的 Python。

搭上 BASIC 語言這股風潮而生的 Visual Basic 到現在仍是非常實用的綜合開發環境。建立表單、配置按鈕或其他 GUI 物件，再搭配點選這類事件，就能寫出程式的開發方法，稱為 RAD（Rapid Application Development），也曾一時蔚為風潮。

乘著這股 VB 的氣勢，VBA 從 1990 年代後半開始於 Excel 和 Access 內建，所以 Excel 與 Access 便從應用程式進化為應用程式開發環境，而且只要在表單配置 GUI 物件，就能在工作表執行輸入資料的工作，還能完成 Excel 函數無法完成的複雜計算。

雖然功能如此強大的 VBA 隨著 Microsoft Office 的升級不斷進化與普及，但基本的語言規格卻沒有太明顯的改革。為了初學者設計的 BASIC 語言雖然能寫出簡單易懂的程式，但是程式碼難免過於冗長。

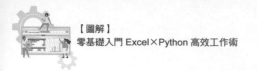

到底有多冗長呢？下面的範例就是其中一例。

```
1   For i = 1 to 5
2   ├──→ If Cells(i,1).Value >= 60 Then
3   ├──→├──→ Cells(i,2).Value = "good"
4   ├──→ Else
5   ├──→├──→ Cells(i,2).Value = "bad"
6   ├──→ End If
7   Next
```

這段程式碼會先取得 A 欄的第 1 ～ 2 列的值，如果該值超過 60 分，就會在旁邊的儲存格填入 good，否則就填入 bad。由於這段程式碼使用了條件分歧的 if 陳述式，所以需要另外填入與其對應的 Then，而且請注意 if 陳述式一定要以 End If 陳述式收尾。

反觀 Python 只需要幾行程式就能寫出相同的程式。

下列的範例程式碼利用了 Python 的三元運算子，改寫剛剛的 VBA 程式碼。

```
1   for row in range(1,6):
2   ├──→ sh.cell(row.2).value = "good" if sh.
        cell(row,1).value >= 60 else "bad"
```

想必大家已從上述程式碼發現，Python 能將程式的目的與處理寫得更簡潔，與 VBA 那種什麼都要說清楚的寫法有很明顯的差異。

03 │ 打造 Python 的程式語言環境

　　既然大家已經知道 Python 是能加速日常業務速度的程式語言，那麼就讓我們一起來試用 Python。接下來要說明在 Windows 10 電腦建立 Python 程式語言環境的步驟，使用場景則是預設為公司。建立程式語言環境的步驟，大致可分成安裝 Python 與方便撰寫程式碼的程式碼編輯器。

第一步是安裝 Python

　　安裝 Python 的第一步，是先下載 Windows 專用的安裝程式。請先瀏覽 https://www.python.org/。

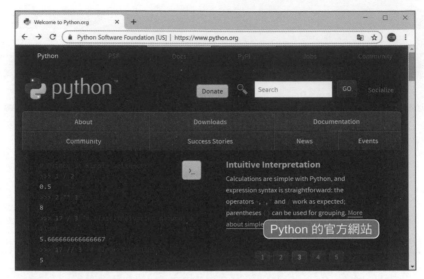

圖 1-3　先瀏覽 Python 的官方網站（**https://www.python.org/**）

從首頁的選單點選 Downloads，再從開啟的選單點選 Windows。

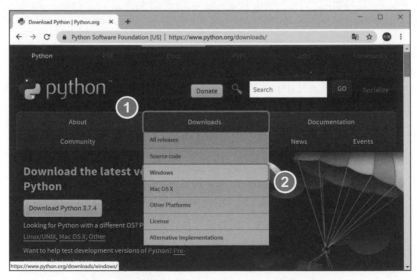

圖 1-4　依序點選 Downloads、Windows

　　此時有可能會顯示最新版的下載按鈕。直接點選這個按鈕下載也沒問題，但是想請大家先看一下與下載相關的各種資訊，所以要先為大家介紹如何瀏覽相關頁面。

　　頁面切換後，會開啟 Windwos 專用的 Python 頁面（見圖 1-5），使用者可從這個頁面下載最新版的 Python，以及正在開發的試用版與過去發布的版本。

　　在這個頁面的開頭，可以看到「Latest... Release」這行代表最新版的字眼，其中共有兩種 Python 可以下載。

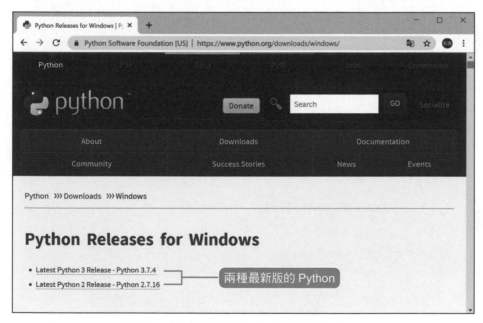

圖 1-5　標記為「Latest」的兩種 Python

　　這分別是 Python 3 與 Python 2 的最新版本。Python 2 是傳統的版本，Python 3 則是後續發布的新版本。

　　這次要安裝最新版的 Python3。點選「Latest Python 3 Release
– Python 3.7.4」，開啟最新版的頁面。「3.7.4」是本書執筆之際的
最新版，等到大家下載時，這個數字有可能會改變。不管數字為何，
都請大家下載 Latest（最新）的版本[*]、[**]。

提示

解說是為了 Python 2 或 Python 3 所寫？

　　到底該選擇哪個版本的 Python ？假設現在要開始學，建議選
擇 Python 3，只是在網路搜尋 Python 的資訊，會發現許多網站介
紹 Python2 的資訊，有些網頁會明確標記程式是以哪個版本撰寫，
有些卻沒有。

　　在此介紹一個簡單的分辨方法，就是使用 print 這個指令。
Python2 的 print 是陳述式[§]，所以可寫成

```
print "Hello,Python"
```

但 Python3 的 print 是函數，所以得寫成

```
print ("Hello,Python")
```

請仔細觀察這些網頁介紹的程式碼，就能知道是哪個版本。

---

[*]　本書完稿之際的最新版為 Python 3.8。由於是剛發布的版本，有可能無法正常使用第
　　7 章介紹的函式庫。雖然這個問題有可能在大家閱讀本書時已解決，但如果最新版有
　　問題，請大家於圖 1-5 介紹的頁面安裝 Python 3.7.x 這個已成熟的發布版本。

[**]　內文與圖片裡的 3.7 或是 3.7.4 都會隨著環境而不同。

[§]　陳述式可用於指令或宣告，與傳回值的函數和公式同屬程式的元素之一。

開啟 Python3 最新版的頁面後，請將頁面往下滑，應該會發現
「Files」這個項目底下列出許多可下載的檔案。

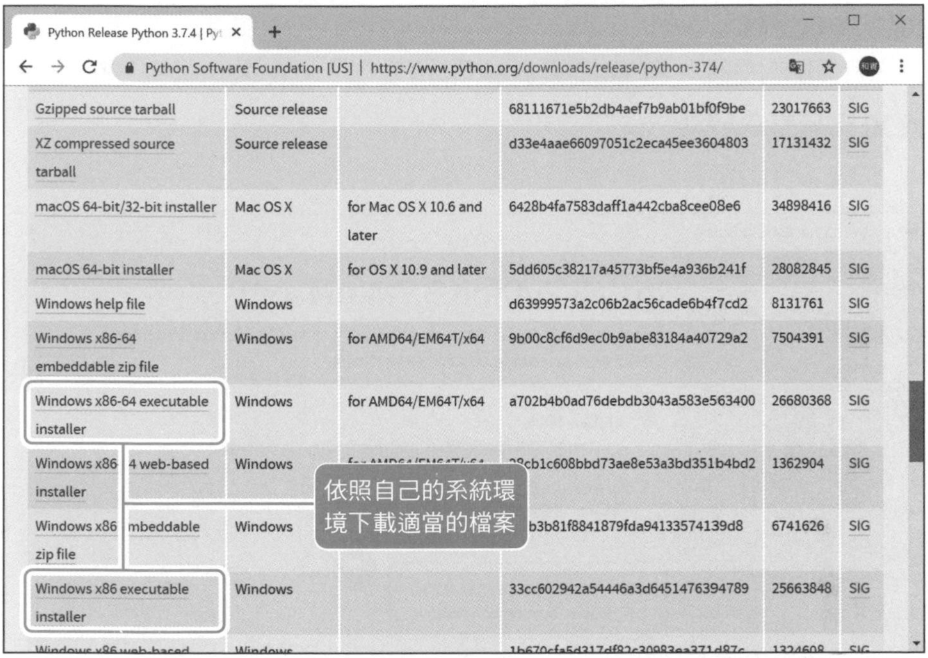

圖 1-6　**Python3 最新版的頁面有許多可下載的檔案**

光是以「Windows」為首的檔案也有好幾種，標記為「x86-64」
的是 64 位元版的安裝套件，只有「x86」的是 32 位元版的安裝套件。
Windows 10 這類作業系統為 64 位元，所以這兩種版本都可使用，
本書選擇的是 64 位元版本。假設作業系統為 32 位元，請下載寫著
「x86」的檔案*。

---

* 若不知道自己的電腦是 32 位元或 64 位元，可從開始選單點選「設定」，接著點選「系
　統」，再點選「關於」，然後就能從「裝置規格」看到是 64 位元還是 32 位元的作業
　系統。

　　32 位元與 64 位元都有三個檔案可以下載。雖然這三個檔案都能安裝 Python，但最方便安裝的是「executable installer」這個檔案。請依照自己的電腦環境下載 32 位元或 64 位元的「executable installer」檔案。

　　下載完成後，雙擊檔案就會開始安裝*。安裝之際，有一些設定需要調整或確認。

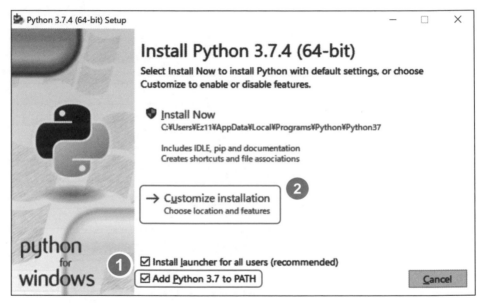

圖 1-7　開始安裝的畫面

　　第一個畫面開啟後，請勾選「Add Python 3.7 to PATH」，之後就不需要移動到安裝 Python 的資料夾才能啟動 Python（見圖 1-7）。

---

*　安裝時，有可能會顯示「您是否要允許此 App 變更您的裝置」這個確認畫面（使用者帳戶控制），此時請點選「是」繼續安裝。

接著點選「Customize installation」，切換成「Option Features」。
在此要將環境設定成更順手的狀態。

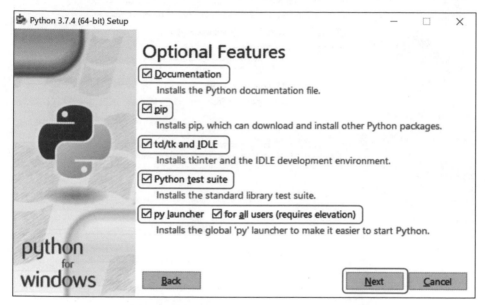

圖 1-8　確認「**Optional Features**」的設定再繼續下一步

確認這個畫面是否勾選了所有項目後，點選「Next」，進入
「Advanced Options」畫面。

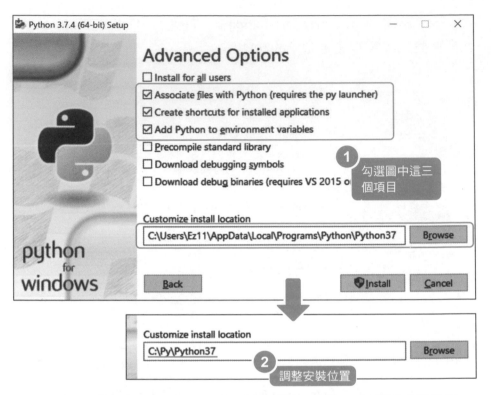

圖 1-9　在「**Advanced Optitons**」畫面勾選三個項目，再調整安裝位置

　　如圖 1-9 在 Advanced Options 畫面勾選「Associate files...」、「Create shortcuts...」、「Add Python...」後，在 Customize install location 變更安裝位置（資料夾），之所以變更位置，是因為預設值的資料夾階層太深。

　　範例設定的是「C:\Py\Python37」這個階層較淺的位置。這個設定的重點在於縮短資料夾的字串（路徑）。完成設定後，點選「Install」繼續安裝。顯示「Setup was successful」代表安裝完畢。

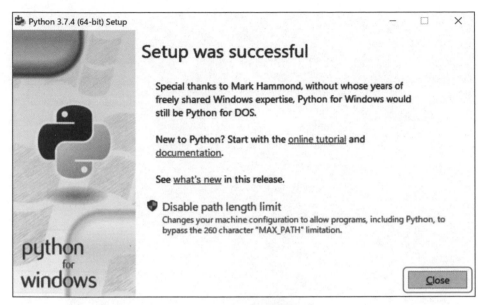

圖 1-10　安裝完畢的畫面

　　圖 1-10 這個畫面下方顯示著「Disable path length limit」。點選這串字串，可解除 OS 對於路徑長度的限制（MAX_PATH）。這次的安裝位置是較短的路徑，所以不需要調整這部分的設定。點選「Close」結束安裝。

試著啟動 Python，確認運作情況

　　安裝完畢後，開始選單就會新增 Python。

圖 1-11　在開始選單打開「**Python 3.7**」資料夾的畫面

　　請點選資料夾裡的「IDLE（Python3.7 64-bit）」（圖 1-11 ❸），
試著啟動 Python[*]。

---

* 「IDLE」是（Python's）Integrated Development and Learning Environment 的縮寫。

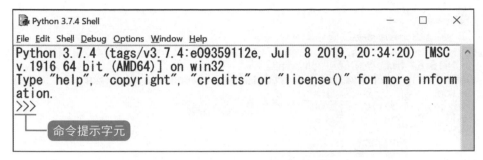

圖 1-12　**Python 3.7.4 Shell 啟動了**

　　此時 Python 3.7.4 Shell 將會啟動（見圖 1-12）。Shell 的意思是用於直接輸入指令的系統內建軟體，只是這個 Shell 是內建於 Python。「>>>」稱為命令提示字元，可在後面輸入 Python 的程式碼。按下 Enter 鍵就能執行輸入的程式，這時候也稱為「互動模式」（Interactive Mode，interacitve 有互動的意思）。

　　開啟 Shell 與顯示命令提示字元之後，請輸入

```
print ("Hello,Python")
```

　　再按下 Enter 鍵。

圖 1-13　在剛剛輸入的程式碼下方顯示了「**Hello Python**」

　　只要正確輸入了程式碼，應該就會如圖 1-13 顯示 Hello Python 這個字串。如此一來，代表 Python 已能正常運作了。

安裝 Visual Studio Code

　　接著要安裝程式碼編輯器的 Visual Studio Code，這個編輯器是由 Microsoft 提供的免費軟體，可讓程式的編寫變得非常輕鬆。

　　要安裝 Visual Studio Code，必須先從官方網站（https://code.visualstudio.com/）下載安裝檔。

圖 1-14 從 **Visual Studio Code** 的官方網站下載 **Windows** 版的安裝檔

在 Windows 電腦開啟官方網站後，會如圖 1-14 顯示出「Download for Windows」的按鈕，點選之後，可下載安裝用的執行檔。這個網站會自動辨識使用者電腦的作業系統，若使用的是 MacOS 系統，就會顯示「Download for Mac」。

按鈕第 2 行的「Stable Build」則是穩定版的意思。有些軟體會以 alpha 版（測試版）、beta 版（試用版）、Release Candiadate（預備發表）的方式公開，早一步介紹新功能或是請使用者測試，藉此得到使用者的評價，透過這些過程改良後，最後再推出 Stable Build。

雙擊下載的檔案，就能開始安裝 Visual Studio Code，過程幾乎不需要另外設定。

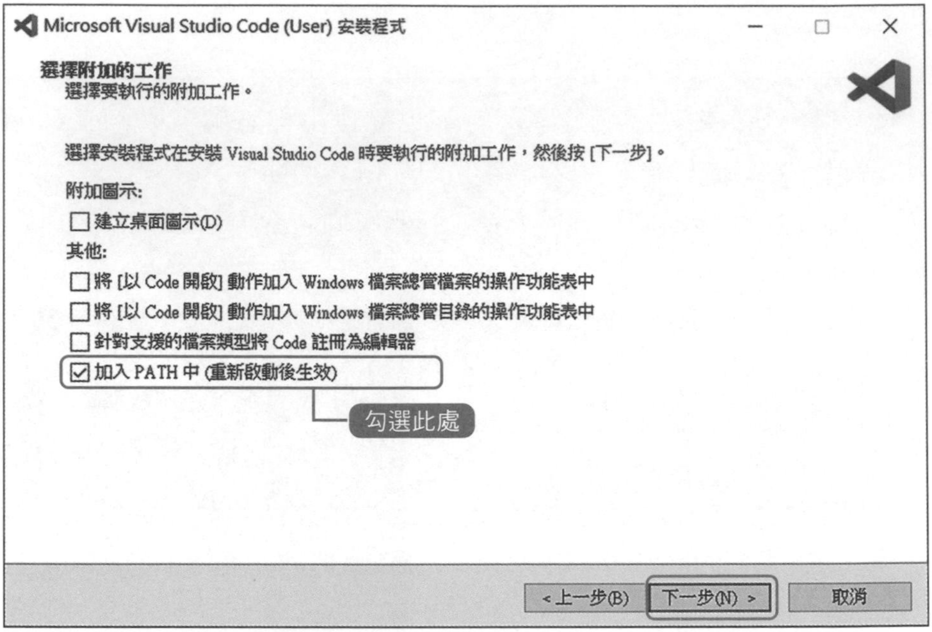

圖 1-15　在「選擇附加的工作」畫面勾選「加入 PATH 中」

　　先確認「選擇附加的工作」畫面已勾選「加入 PATH 中」，預設值應該已經勾選了，接著請點選「下一步」完成安裝（見圖 1-15）。

新增有利於程式設計的擴充功能

　　Visual Studio Code 安裝完成後，還有些需要設定的部分。要利用 Python 寫程式，還需安裝擴充功能，例如讓 Visual Studio Code 中文化的擴充功能（Chinese (Traditional) Language Pack for Visual

Studio Code），和 Python 程式碼編寫擴充功能（Python Extension for Visual Studio Code）。安裝 Python Extension for Visual Studio Code 後，就能自動套用縮排功能，也能啟用程式碼自動補全功能（IntelliSense），和進一步確認語法的 Lint 功能。

　　請先啟動 Visual Studio Code，我們準備將介面轉換成中文版。

圖 1-16　**Visual Studio Code 的啟動畫面**

　　啟動後，點選畫面左側選單上方數來第五個圖示 Extensions，即圖 1-17 ❶，此時搜尋擴充功能的方塊會顯示「Search Extensions in Marketplace」，請輸入 Chinese（Traditional）。

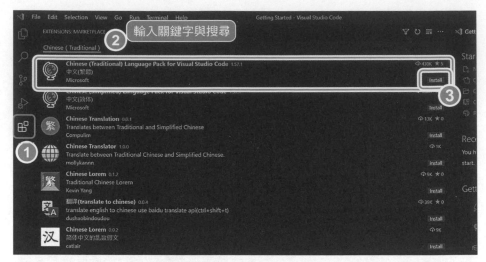

圖 1-17　在擴充功能選單輸入「Chinese（Traditional）」搜尋

　　此時搜尋結果會如圖 1-17 顯示「Chinese (Traditional) Language Pack for Visual Studio Code」，如果沒顯示這個搜尋結果，請另外輸入「中文」或「Microsoft」這類關鍵字找找看。找到後，點選「Install」安裝。

　　擴充功能的安裝很快就能完成。完成後，原本的「Install」按鈕會轉換成進入設定選單的齒輪圖示，右側則會顯示「Chinese (Traditional) Language Pack for Visual Studio Code」的說明，這也代表這個擴充功能安裝完成了（見下頁圖 1-18）。

圖 1-18 「**Chinese (Traditional) Language Pack for Visual Studio Code**」
安裝完成

　　不過光是安裝完成，還無法轉換成中文介面，必須重新啟動
Visual Studio Code，所以請點選如圖 1-18 畫面右下角的「Restart」
按鈕，重新啟動。

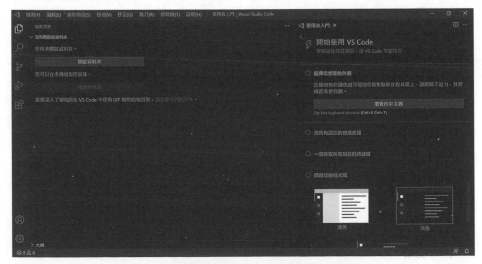

圖 1-19 **重新啟動後，介面就轉換成中文了**

重新啟動後，Visual Studio Code 就轉換成中文介面了（見上頁圖 1-19）。請再回到剛剛擴充功能的畫面，安裝 Python Extension for Visual Studio Code。安裝方式與剛剛中文化的步驟一樣，但這次是以「Python」這個關鍵字搜尋。

圖 1-20　改以「**Python**」搜尋

請安裝開發者為「Microsoft」的 Python 擴充功能。安裝完成後，確認一下這個擴充功能是否正常運作。請點選畫面左側選單最上面的圖示，即圖 1-21 ❶，切換成 Visual Studio Code 的「檔案總管」畫面。

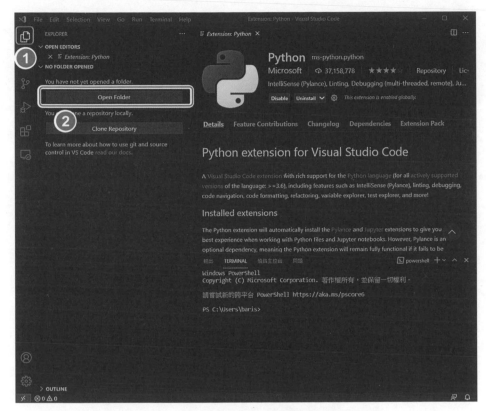

圖 1-21　開啟檔案總管，確認運作是否正常

　　此時應該會顯示「您尚未開啟資料夾」這個訊息。點選下方的
「開啟資料夾」（即圖 1-21 ❷）就能開啟資料夾。若能事先建立儲
存 Python 程式的資料夾，後續的程式就能更流暢地撰寫。本書已
先在「文件」資料夾底下新增了「python_prg」資料夾，請先開啟
這個資料夾。

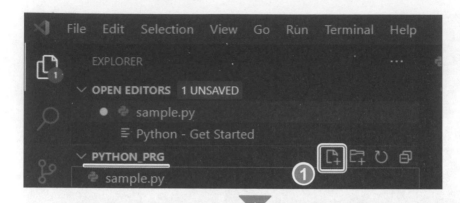

圖 1-22　在「**python_prg**」資料夾新增檔案

　　開啟資料夾之後，點選資料夾右側新增檔案的圖示。輸入檔案名稱的欄位開啟後，可先設定檔案的名稱。本書將檔案名稱設定為「sample.py」（見圖 1-22）。

　　此時已經可以輸入程式碼了。檔案總管區塊的右側已新增了「sample.py」分頁，下方就是撰寫程式碼的空間（見圖 1-23）。請在該空間輸入下頁的程式碼＊，再儲存檔案。

＊　此時若顯示「Linter pylist is not installed」，請依畫面指示安裝 Linter pylist。Linter 是檢查程式碼的功能。

```
print ("中文")
```

圖 1-23　輸入「print(" 中文 ")」這段程式碼的畫面

接著試著執行這段程式碼。如果程式碼不長，就不一定要啟動 Python，可以直接在 Visual Studio Code 確認結果。請從「執行」點選「執行但不進行偵錯」選項，執行程式。

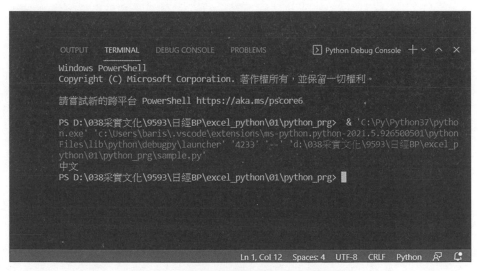

圖 1-24　在終端機執行程式碼的畫面

　　畫面下方的終端機會顯示程式執行的結果（見圖 1-24）。請試著將終端機切換成偵錯主控台（即按下圖 1-25❶），看看不同的結果。

圖 1-25　偵錯主控台顯示了「中文」這個執行結果

　　此時會只顯示「中文」這個輸出結果（見圖 1-25❷）。如此一來，Visual Studio Code 的安裝就完成了，程式撰寫的環境也已正常運作。

　　所有準備都完成後，第 2 章就要正式開始學習寫程式。

第 2 章

Python 與程式設計
的基本知識

千岳默默地努力

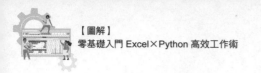

傍晚，沒吃午餐的千岳在公司休息區吃著三明治。

麻美：千岳，怎麼又遇到你，你在吃什麼？加班嗎？

千岳：沒啦，待會要去 Python 的研討會。麻美打算休息一下？
　　　妳手上拿的是什麼？

麻美：是薑黃還有飲料，待會得去喝酒。

千岳：聽起來很累耶，感覺好像是大叔。

麻美：可是富井課長都發話了，說什麼多喝酒也是業務員的工
　　　作之一。

千岳：可是麻美看起來挺開心的嘛！

麻美：才沒這回事，話說回來，你程式學得怎麼樣？會寫程式
　　　了嗎？

千岳：還沒啦，現在正在學怎麼用 Python 寫小程式的語法。

麻美：語法？像英文文法那種東西嗎？

千岳：很類似，不過英文這種自然語言的使用者都是人類，所
　　　以有些部分單憑語感就能了解，但是電腦語言可不一

樣，不能有半點錯誤，否則程式就無法正確執行了

麻美：是喔！還真是腦筋硬邦邦的傢伙。前陣子我在電視上看到的人工智慧連語意不清的內容都懂，我還以為電腦已經變聰明了，難道不是嗎？

千岳：使用者與製造者之間的能力也有落差啦，寫程式可是很枯燥的工作！

麻美：那我給你一瓶喝的好了，你也要多加油！

．．．

　　建立寫程式的環境後，接著就來寫程式吧！其實我很想立刻帶大家匯入 Excel 的資料，不過有些基礎知識要先讓剛開始學寫程式的人了解一下。

　　程式設計也是有語法的，每種程式語言都有自己的語法，而且也有共通的知識、規則和撰寫方式，本章將透過 Python 介紹一些程式設計共通的基本規則。

01 | Python 的語法

　　一開始，要請大家先記住變數與資料類型、運算子和函數這三種東西。這三個東西的重要程度甚至可寫成一本入門書。或許大家會擔心自己讀過也記不得，不過沒關係，第 3 章會再講解一次，屆時再多讀幾遍，加深印象。

變數與資料類型

　　程式語言最基本的功能之一就是變數。變數是一種替部分的電腦記憶體命名的機制，透過這項機制才能記住執行程式所需的值。

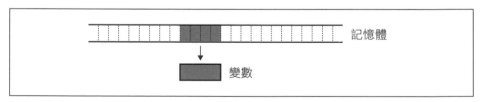

圖 2-1　變數的示意圖

比方說，要從大量業績資料找出某位客戶的所有營業額並加總，或是要計量某個處理的執行時間，都會用到變數。變數除了能儲存這類數字，也能儲存文章的字串，或作為判斷條件是否成立的值。由此可知，變數可以儲存各種值，而為了釐清變數的各種用途，程式語言才會產生所謂的資料類型。

類型		內容
數值型	整數型（int）	用於呈現沒有小數點的值，加上負號為負數，不加任何符號為正數 例）-120、-3、0、3、1600
	浮點數（float）	用於呈現具有小數點的數值 例）12.234、-123.456
布林型（bool）		用於呈現 True（真）與 False（偽）的值
字串型（str）		用於呈現一個文字以上的序列，通常會以單引號或雙引號括起來 例）'Hello'、"See you"、' 午安 '、" 下回見 "

表 2-1　**Python** 的四種資料類型

Python 的基本資料類型（見表 2-1）比其他程式語言單純，沒小數點的數值為 int（整數）類型，有小數點的數值為 float（浮點數）類型，反觀 Java 或其他語言，光整數就會依數值大小（位數）分成五種資料類型，程式設計師得知道這些類型各有哪些用途。

bool（布林）類型可用來呈現 True（真）與 False（偽）這兩種值。或許大家會覺得這種只能記錄 True 與 Flase 的類型沒什麼用，但是這種類型可用來控制程式的走向，是非常重要的類型。

str（字串）類型是由超過一個以上的文字排列而成的資料類型，有些程式語言會將單一個字與一個字以上的字串分成不同的資料類型[*]，但 Python 沒有這樣的分類。

如果在寫程式時，必須先決定使用哪種資料類型，這種程式語言就稱為「靜態型別程式語言」，像 Java、C 語言就屬於靜態型別程式語言，若要以這種語言宣告變數，就必須同時指定該變數的資料類型。

Python 則是「動態型別程式語言」，變數的類型會在程式執行時，由變數值的類型決定。

接下來利用程式碼範例來了解 Python 的變數有哪些資料類型。請在第 1 章用於確認 Python 是否正常運作的 Python IDLE 確認。在 Python IDLE 輸入一行程式與按下 Enter，程式就會自動執行。

首先在命令提示字元後面輸入下面這行程式。

```
a = 6
```

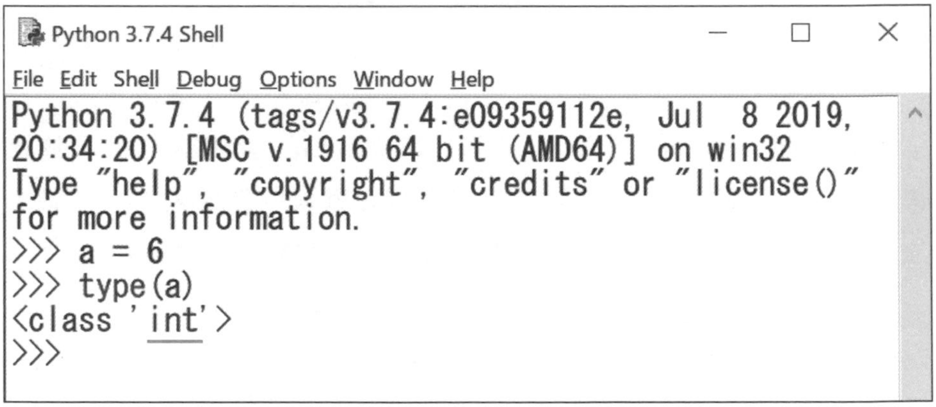

```
Python 3.7.4 Shell                                    —    □    ×
File  Edit  Shell  Debug  Options  Window  Help
Python 3.7.4 (tags/v3.7.4:e09359112e, Jul  8 2019,
20:34:20) [MSC v.1916 64 bit (AMD64)] on win32
Type "help", "copyright", "credits" or "license()"
for more information.
>>> a = 6
>>> type(a)
<class 'int'>
>>>
```

圖 2-2　將 6 代入變數 a，確認資料類型之後……

---

[*]　C 語言會將只有一個字的字串與兩個字以上的字串視為不同的資料類型。

　　a = 6 是宣告變數 a，再將 6 代入 a 的程式碼（見圖 2-2）。順帶一提，這裡的「=」稱為指定運算子，可將右邊的值代入左邊的變數。此時 a 的值為 6，照表 2-1 的分類而言，這時候的資料類型應該是 int 才對。

　　Python 可利用 type 函數取得資料類型。請在下面的命令提示字元輸入下面的程式碼。

```
type(a)
```

　　執行之後，應該會顯示下述的訊息。

```
class 'int'
```

　　由此可知，a 的確是 int 類型的變數，這也代表變數 a 在代入 6 的當下就轉換成 int 類型。

　　接著試著將小數點的數值代入變數 a，然後再以相同的步驟取得變數的資料類型（見圖 2-3）。

```
<class 'int'>
>>> a = 3.14
>>> type(a)
<class 'float'>
>>>
```

圖 2-3　代入 3.14 之後，變數 a 轉換成 float 類型了

　　這次的變數 a 轉換成 float 類型了，這就是所謂的動態型別。

若是將 Hello 這個字串代入變數 a，變數 a 就會轉換成 str 類型，若是代入 True 這個真偽值（布林值），就會轉換成 bool 類型（見圖 2-4）。以雙引號括住的 Hello 為字串，但未以雙引號或單引號括住的 True，則是真偽值的 True。

```
>>> a = "Hello"
>>> type(a)
<class 'str'>
>>> a = True
>>> type(a)
<class 'bool'>
>>>
```

圖 2-4　變數會隨著代入的值轉換成字串類型或布林值類型

變數的命名方式

變數不能隨便命名，必須符合幾個限制的條件。

- **可用於變數名稱的文字為大小寫的英文字母、數字以及底線（_）。**
  除了底線，不管哪種符號或空白字元，都不可用來命名變數。

- **變數名稱的第一個字不能是數字。**
  str1 是合格的變數名稱，但 1str 卻不是合格的變數名稱。

- **大寫與小寫的英文字母是不同的字母。**

  Python 將 A 與 a 視為不同的變數名稱（所以 Abc 不等於 abc）。

- **不能使用保留字。**

  於第 1 章的表 1-1 介紹的 Python 保留字不能當成變數名稱使用，所以「if = 5」是不合格的宣告方式。

　　只要符合上述的條件就能隨意替變數命名，但還是建議先設定一套自己的命名規則，否則利用一大堆沒有任何命名規則的變數撰寫程式之後，反而會讓自己分不清哪個才是要使用的變數。

　　變數該如何命名呢？首先推薦的方法之一，就是使用小寫英文字母命名。比方說以 cost、price 這類英文單字命名。想宣告多個性質相同的變數時，可再加上數字，命名成 cost1、cost2 這類變數名稱，或是搭配底線，命名成 price_normal、price_sale 都是很簡單易懂的變數名稱。

　　其他的程式語言還內建了「常數」這種在一開始設定值，後續就不能變更值的機制，宣告的方式也與變數不同。Python 雖然沒有這種常數，卻還是可以將從程式開始到結束，值都不會產生變化的變數視為常數。

　　為了避免不小心修改這類常數的值，所以通常會以有別於一般變數的方式命名。建議大家以大寫英文字母替常數命名。比方說，最高價格可宣告為 PRICE_MAX = 100000 這種常數與常數值。

算數運算子

　　剛剛已經提到指定運算子可將值代入變數，但其實在寫程式時，還會用到各種運算子，接下來介紹 Python 的基本運算子，其中包含算術運算子、比較運算子、複合指定運算子、邏輯運算子，先從算術運算子開始介紹（見表 2-2）。

運算內容	符號
加法	+
減法	-
乘法	*（星號）
除法	/（斜線）
求餘數	%
整數除法	//
次方	**

表 2-2　算術運算子

　　想改變變數值，或在變數之間運算，都可使用算術運算子。在 Python IDLE 試用看看。第一步，將 5 代入變數 a（見圖 2-5）。

```
>>> a = 5
>>> a + 3
8
>>>
```

圖 2-5　利用 + 運算子執行加法運算

接著利用＋運算子將 3 加給變數 a。執行之後，會得到 8 這個結果。

下方圖 2-6 的範例要將 2 代入變數 b，再以變數 a 減掉變數 b 的值，然後將結果指定給變數 c，最後以 print 函數顯示變數 c 的值。

```
>>> b = 2
>>> c = a - b
>>> print(c)
3
>>>
```

圖 2-6　以變數減去另一個變數，再將運算結果代入另一個變數

早從電腦還被稱為電子計算機的時代，這種計算變數值的功能就已在程式設計扮演重要角色。試著將 5 代入變數 a，並將 3 代入變數 b，然後試著使用其他算術運算子。

想執行乘法運算時，可使用 ＊ 運算子。由於 a/b 無法除盡，所以商會出現小數點以下的數字。若希望算出整數的商，可使用 // 運算子；% 運算子可求出餘數；** 則是次方的運算（見下頁圖 2-7）。

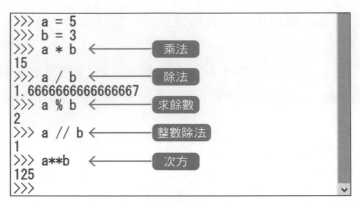

圖 2-7　使用其他算術運算子計算之後的結果

比較運算子、複合指定運算子、邏輯運算子

　　除了算術運算子之外，還有一些重要的運算子。前面提過 = 是將右邊的值代入左邊的指定運算子，但在數學的世界裡，這個符號稱為「等於」，意思是左邊與右邊的值相同。在 = 被當成指定運算子的多數程式語言之中，左邊與右邊的值是否相等，不只有「等於」的意思，因此會在程式裡使用「==」這種連續兩個「=」的運算子確認「左邊是否等於右邊」，而這類運算子就稱為比較運算子（見下頁表 2-3）。

運算的寫法	運算內容
x == y	當 x 等於 y 就傳回 True
x != y	當 x 不等於 y 就傳回 True
x < y	當 x 小於 y 就傳回 True
x <= y	當 x 小於等於 y 就傳回 True
x > y	當 x 大於 y 就傳回 True
x >= y	當 x 大於等於 y 就傳回 True

表 2-3　比較運算子

下面圖 2-8 的運算將 5 代入變數 a，將 3 代入變數 b，並試著以比較運算子進行運算。比較運算子會傳回布林值（不是 True 就是 False）。確認「a 是否等於 b」的 a == b 會傳回 False，確認「a 是否不等於 b」的 a != b 則會傳回 True。判斷 a 小於 b 的 a < b 會傳回 False。由於 a 大於等 b，所以 a >= b 會傳回 True。

```
>>> a = 5
>>> b = 3
>>> a == b
False
>>> a != b
True
>>> a < b
False
>>> a >= b
True
>>>
```

圖 2-8　使用比較運算子的各種運算

假設需要讓某個處理重複執行 10 次，大部分的程式都會讓變數在每執行 1 次處理就遞增 1，也就是將變數當成計數器使用，所以若將 i 宣告為計數器變數，要讓這個變數不斷遞增的話，可寫成 i＝i＋1，但在實務中，通常會簡寫成 i +=1，而這就是所謂的複合指定運算子（見表 2-4）。

運算的寫法	運算內容
x += y	將 x + y 的結果代入 x
x -= y	將 x - y 的結果代入 x
x *= y	將 x * y 的結果代入 x
x /= y	將 x / y 的結果代入 x
x %= y	將 x / y 的餘數代入 x

表 2-4　主要的複合指定運算子

接下來，讓我們實際使用複合指定運算子（見圖 2-9）。

```
>>> i = 0
>>> i = i + 1
>>> i += 1
>>> i -= 1
>>> print(i)
1

>>> i *= 2
>>> print(i)
2
>>>
```

圖 2-9　使用複合指定運算子計算

前半段的第 1 行程式碼先將 0 代入變數 i，作為變數 i 的初始值，再於第 2 行將 i + 1 代入 i，接著在第 3 行利用複合指定運算子執行前一行將 i + 1 代入 i 的處理，然後再於第 4 行 i − 1 代入 i。到此為止，結果當然還是 1，進入後半段的程式碼之後，變數 i 會先乘以 2 倍（乘以 2）再代入。

　　程式設計師通常會像這樣使用複合指定運算子，將複雜的程式碼寫得簡單易懂一些。請大家試著使用不同的值與複合指定運算子計算看看。

　　最後要介紹的是邏輯運算子。邏輯運算子的種類很多，最該先記住的是 and、or、not（見表 2-5）。這三個邏輯運算子可一次評估多個條件。利用數學集合論的文氏圖有可能比較容易說明邏輯運算子（見圖 2-10）。and 代表的是邏輯積，or 代表的是邏輯和。

運算的寫法	運算內容
x and y	x 且 y。當 x 與 y 皆為 True 就傳回 True
x or y	x 或 y。當 x 與 y 其中之一為 True 就傳回 True
not x	非 x。當 x 為 True 就傳回 False，當 x 為 False 就傳回 True

表 2-5　基本的邏輯運算子

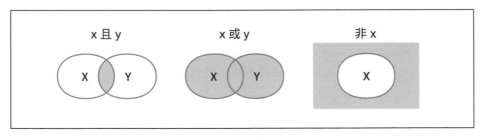

圖 2-10　邏輯運算子代表的範圍

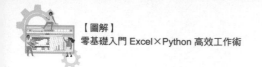
　　「一次評估多個條件」這種說明可能不是那麼好懂,所以用下方圖 2-11 的程式碼來說明。

```
>>> a = 0
>>> b = 10
>>> a < 1 and b > 9
True
>>> a > 5 or b > 5
True
>>>
```

圖 2-11　使用邏輯運算子 **and** 與 **or** 的程式碼範例

　　以 and 進行評估時,由於 a 小於 1,b 大於 9,所以傳回 True。or 會在其中之一成立時傳回 True,因此 a>5 雖然不成立,但 b>5 成立,所以還是傳回 True。

　　讓我們繼續介紹另一個邏輯運算子的 not(見圖 2-12)。

```
>>> a = False
>>> not a
True
>>>
```

圖 2-12　使用 **not** 的程式碼範例

　　not 可讓條件反轉,意即 Flase 的否定為 True。

　　這些運算子可視情況搭配使用,寫出需要的程式碼。

函數

之前曾在第 1 章提過，「Python3 的 print 是函數」，而 Python
還內建了很多其他的函數（見下頁圖 2-13）。

其實程式設計很像是蓋房子，若熟悉蓋房子的人要蓋個狗屋，
應該可以直接把板子釘在柱子上，不假思索直接開始蓋，但如果要
蓋一間大房子，還是得先畫個設計圖，因為可能得為這個房子設計
全家人共度時光的客廳，或是儲藏室這類鮮少有人踏入的空間。

程式設計也是一樣，有些是特定處理所需的程式碼，有些則是
會於各種處理重複使用的程式碼，而為了讓這類程式碼能於整個程
式共用，才會寫成函數，以便重複使用。

函數可以由使用者自訂，也有內建於程式語言的種類，而這類
函數就稱為內建函式。Python 之所以會有這類作為基本功能使用的
內建函式，主要是認為大部分的程式設計師撰寫程式時，都可能會
用到這些函數。

圖 2-13　內建函式一覽表[*]

　　print 函數的執行內容只有接收參數，再輸出接收的參數，而大部分的函數也只是接收參數與發出傳回值（見圖 2-14）。

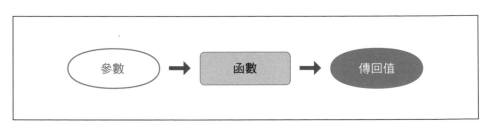

圖 2-14　接收參數，發出傳回值的函數執行過程示意圖

---

[*]　Python3 的內建函式可於 https://docs.python.org/zh-tw/3/library/functions.html 瀏覽。

例如 abs 函數在接收參數之後，會傳回該參數的絕對值，max
函數則會在接收 2 個以上的參數之後，傳回參數之中的最大值（見
圖 2-15）。

```
>>> abs (-10)
10
>>> max (1, 5, 10, 15, 6)
15
>>>
```

圖 2-15　執行 **abs** 函數與 **max** 函數的結果

也可自訂函數

雖然 Python 有很多內建函式，但這些通常是為了能於各種程
式通用而設計，無法滿足特定用途。若要滿足特定用途，就必須自
訂函數。

建立自訂函數的過程稱為「定義函數」。什麼時候該自訂函數
與要撰寫什麼程式息息相關。所謂的撰寫程式，可不能沒有任何想
法就開始寫。接著來了解撰寫程式的流程，並將重點放在自訂函數
的部分。

一開始要做的事情是統整程式的規格，此時要先思考這個程式
的用途，也要決定輸入資料的規格與輸出的內容。於此同時，要順
便決定處理的執行順序，擬定程式的整體流程。

如果發現程式的流程之中一些重複執行的處理，或是只利用運

算子或內建函式無法得出結果的處理，可先將這些處理定義為函數。舉例來說，在商品的銷售與進貨之際都要計算消費稅，此時就能將這類處理定義為函數。

定義函數要從 def 開始（見圖 2-16）。

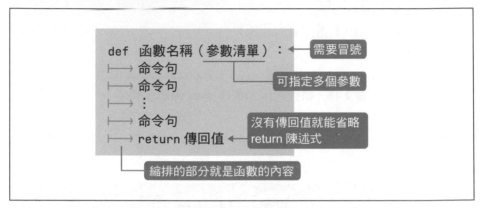

圖 2-16　定義函數

接著是設定函數名稱，再依需求指定參數的個數，沒有參數則不需指定。此外，於定義函數指定的參數稱為「形式參數」，於實際呼叫函數指定的參數為「實際參數」。

def 陳述式必須以冒號作為結尾，下方縮排的每一行程式是函數的內容，也就是要執行的處理。最後則利用 return 陳述式指定函數的傳回值，若沒有傳回值，可省略 return 陳述式這個部分。下頁圖 2-17 示範了在 Visual Studio Code 定義消費稅計算函數的程式碼，請看看這個函數的寫法。

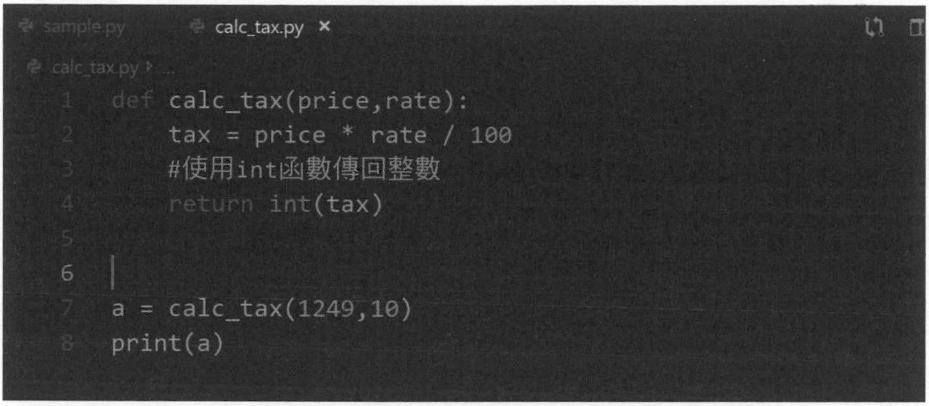

圖 2-17　在 Visual Studio Code 新增 calc_tax.py 與自訂函數

　　這次是在「calc_tax.py」這個檔案撰寫下列的程式碼，這段程式碼也定義了 calc_tax 函數。

```
1    def calc_tax(price,rate):
2    ├──→ tax = price * rate / 100
3    ├──→ return int(tax)
4
5
6    a = calc_tax(1249,10)
7    print(a)
```

程式碼 2-1　定義 calc_tax 函數的 calc_tax.py

　　函數的定義從第 1 行的 def 開始。第 1 行的程式定義了 calc_tax 這個函數，也預計接收 price（實際售價）與 rate（消費稅率）這兩個參數。

　　calc_tax 函數的處理內容則是自第 2 行程式開始寫起。一開始先利用算術運算子撰寫 price * rate /100 這個公式，接著將求得的消費稅額代入變數 tax，之後在函數的最後一行，也就是第 3 行利用 int 函數將求出的消費稅額轉換成整數，再以傳回值的方式傳回。

　　第 6 行的 a = cal_tax(1249,10) 是呼叫 calc_tax 函數的意思，函數裡的 1249 與 10 是實際參數，分別代表實際售價與消費稅率。將消費稅額代入變數 a 之後，於第 7 行以 print 函數輸出變數 a 的值。從偵錯主控台可看到 124 這個輸出結果。

• •

　　麻美：千岳我問你喔，這個程式有個以升記號為開頭的「# 使
　　　　　用 int 函數傳回整數」的部分，這是什麼啊？這也是程
　　　　　式的一部分嗎？

```python
"""
calc_tax函數會接收實際售價與消費稅率這兩個參數
再傳回消費稅額
"""
def calc_tax(price,rate):
  tax = price * rate / 100
  #使用int函數傳回整數
  return int(tax)



a = calc_tax(1249,10)
```

```
print(a)
```

程式碼 2-2　加上註解，提高完成度的 calc_tax.py

千岳：麻美妳仔細看，這個不是升記號喔，是井字號（#）。
　　　與升記號（♯）的傾斜方向不一樣對吧！

麻美：真的耶，千岳還真是一如往常的龜毛，幹麼那麼計較！

千岳：這麼龜毛還真是抱歉啊，不過剛剛妳問的那個部分是註
　　　解，也就是程式內容的說明。前幾天的研討會的講師還
　　　特別要求我們要寫這些註解。

麻美：那麼，一開始有很多細點圍起來的內容也是註解囉！

千岳：對啊，妳果然只有直覺敏銳！如果註解有很多行，可利
　　　用三個雙引號或單引號括起來。如果註解只有一行，或
　　　是要寫在程式碼後面，只需要以井字號作為開頭。

麻美：什麼叫做只有直覺敏銳，真教人生氣。不過，再明白不
　　　過的內容也要寫什麼註解嗎？

千岳：嗯，研討會的講師說，若不加上註解，過了半年後就不
　　　知道自己寫的程式是什麼意思了。

麻美：是喔，原來會這樣！

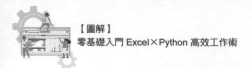
物件導向

　　在 Python 基礎知識的最後，要為大家說明什麼是「物件導向」。現在的程式語言幾乎都是物件導向程式語言，所以非得了解物件導向的概念。不過，要了解物件導向的全貌得耗費不少時間，所以本書只說明基本的思維。一開始可能會覺得有點抽象，但只要理解個大概，不用太計較細節。

　　所謂的物件導向，就是將注意力放在東西（物件），而這個東西有行為與屬性，其中的行為又稱為方法。

　　在物件導向程式語言的世界裡，要「建立」物件的基本設計圖，而這類設計圖又稱為「類別」，類別也預設了可使用的方法與屬性。

　　根據這個類別，建立於程式中使用的物件的這個過程，稱為「建立實體」，而透過建立實體宣告的物件變數，就能使用類別的方法與屬性。

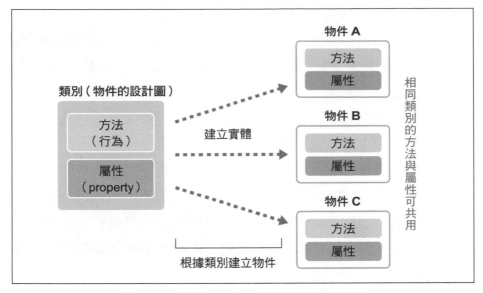

圖 2-18　類別、方法、屬性與物件的關係

　　Python 將所有資料都看成物件，因此以 a=10 宣告的變數就是 int（整數）類別的物件變數，這意味著物件變數 a 可使用 int 類別的方法與屬性。

　　讀到這裡，大家可能會覺得有點難，但其實前面的內容已經用到了物件，例如在範例程式碼將數值代入變數時，這個變數就是物件。我們常用的 Excel 活頁簿與工作表以及儲存格也都是物件，第 3 章會開始介紹與使用。

　　換言之，這些物件都具有所屬類別的方法與屬性。在 VBA 的程式範例（第 1 章）介紹的

```
Cells(i,1).Value
```

就是取得儲存格的 Value（值）屬性的意思。

請務必記住這種寫法，因為 VBA、Python 或其他物件導向程式語言都會用到。要使用物件的方法或屬性時，可使用「○○○．xxx」這種語法，也就是以點（.）將物件與方法、屬性連在一起的寫法。這裡的點稱為點運算子，左側為物件，右側則是該物件的方法與屬性。

希望大家對於物件導向的了解就只有這些。對物件導向的初學者而言，學習的重點在於不要想得太複雜，以及用到熟練為止，本書也不會帶大家建立類別（又稱為定義類別），以免害大家陷入困惑的深淵。由於只會使用既有的類別，還請大家抱著輕鬆的心情繼續讀下去。

第 3 章

利用 Python
輕鬆讀寫 Excel

千岳被麻美拜託了

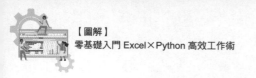

麻美：千岳，可以問你一點事情嗎？

綽號千岳的千田岳在總務課工作，某天他的同期同事，也是擔任業務助理的千田麻美來找他，好像有事想請教。

麻美：是富井課長突然去給我一個麻煩啦，我們部門是用KABUKI 的網路銷售管理系統管理業績，課長要我了解一下業務員用 Excel 製作的檔案，再負責輸入業績傳票，可是這些都是步驟很重複的作業，做起來好煩！我跟課長抱怨後，他就說「從 Excel 輸出 CLV，就能一口氣將業績資料新增至網路銷售管理系統，不用一筆筆慢慢輸入，所以給我試著用 VBA 製作這個程式」，但我根本不知道該怎麼寫這個程式！

千岳：CLV？那是什麼？

麻美：CLV 就 CLV 啦！

千岳：啊，是 CSV 吧！

麻美：對對對，一定是這個，如果能一口氣新增資料就好了。

千岳：的確，現在這樣要花兩道工夫才能完成，得一邊看著Excel 的傳票，一邊用瀏覽器輸入。

　　西瑪服飾業務課的業務員會從報價單的階段就以 Excel 製作資料，同時透過公司內部伺服器分享。從報價單、訂單與營業額的資料都是業務員自行管理。一旦營業額確定，業務員就會將業績傳票上傳至伺服器的業績資料夾，麻美這些業務助理再根據這些業績傳票，將資料輸入網路銷售管理系統，這也是西瑪服飾的業務流程。

麻美：就是這樣啊，我想千岳你也知道，網路銷售管理可包辦報價單製作、訂單、業績這些作業，但是業務員從以前就開始使用 Excel，所以總覺得用 Excel 比較好。「我的報價單還會用網底這類樣式裝飾得很酷喲！」富井課長總是拿這些說嘴。這些事沒辦法用千岳擅長的 Python 完成嗎？

千岳：的確能照富井課長說的以 VBA 輸出 CSV，但 Python 應該也能完成一樣的事情喲！

麻美：咦？可以完成一樣的事情啊？那幫我做，幫我做啦，明天能完成嗎？

千岳：哪有可能說做好就做好啊，至少得給我一點時間啦……

麻美：怎麼這樣啦，千岳你很沒用耶！

千岳：幹麼說我沒用！

被課長要求「學習 VBA」的麻美似乎跑去求助了解 Python 的千岳。這對千岳來說，可能是稍微過分的要求了，所以就讓我們代替千岳，寫一個讓麻美開心的程式。

實際試作之後，這個程式其實沒想像中的複雜，而且還很簡單，但是突然要程式設計的初學者寫出這個程式，還是太過苛求了。我們先透過本章介紹的程式，學習如何讀寫 Excel 資料的方法。

01 | 一次匯入所有制式資料

第一步讓我們先釐清課題，找出業務流程該改善的環節。

從麻美的抱怨聽來，我們要解決的課題，似乎是「將伺服器的業績傳票（Excel 資料）盡可能自動轉寫至網路銷售管理系統」。

目前必須手動輸入的作業包含：

① 瀏覽伺服器的每一筆業績傳票
② 將業績傳票的內容新增至網路銷售管理系統

上述這兩個階段。由於①與②都是人工作業，所以只要業績傳票的件數一多，那可就是累死人的作業了。

讓我們先試著讓①的作業自動化，從開啟的每一個業績傳票檔案挑出需要的內容。若能將這些內容整理成 CSV 檔案，就能一口氣匯入銷售管理系統，②的部分也似乎能就此迎刃而解。這樣應該可以幫麻美減去不少麻煩。

我們預設的是，要操作的檔案儲存在下頁圖 3-1 這種資料夾裡。

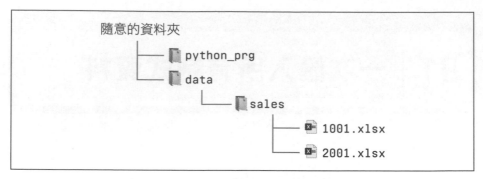

圖 3-1　**儲存業績傳票的資料夾**

　　與存放程式的 python_prg 資料夾同一階層的，還有 data 資料夾，而這個資料夾之中，還有一個 sales 資料夾，裡面儲存了以負責人代碼為檔案名稱的業績傳票資料（見圖 3-1）。

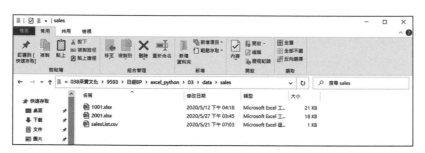

圖 3-2　**data 資料夾裡的 sales 資料夾存放了多個業績傳票資料的 Excel 檔案**

　　Excel 檔案是活頁簿格式，而活頁簿裡面還有多張工作表（見圖 3-2）。

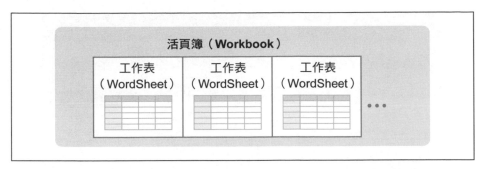

圖 3-3　**Excel 檔案是由一張以上的工作表組成的活頁簿格式**

　　這次的作業，就是要開啟 sales 資料夾裡的多個活頁簿，再從其中的多張工作表，將業績傳票的內容轉寫至業績一覽工作表。

　　在此將處理下列的資料。

　　業績傳票資料是由每一位負責人製作成活頁簿格式，接著在一張工作表裡輸入一筆業績傳票，所以一個活頁簿可能會有超過一張以上的工作表（見圖 3-3），但是在每個負責人製作的活頁簿裡，工作表的張數都是不一定的。

　　業績傳票的內容請見下頁圖 3-4。色框內的資訊將轉寫至業績一覽工作表。

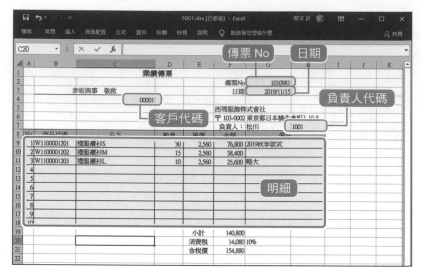

圖 3-4　業績傳票資料要轉寫的範圍

建立一覽表

在撰寫程式之前，要先說明預設的環境。

以 Python 撰寫的程式通常會以「.py」這個副檔名儲存，而本書是以「sales_slip2csv.py」這個檔案名稱，儲存在 python_prg 資料夾裡。

順帶一提，檔案名稱裡的「sales」指的是業務專用程式，「slip」為傳票，「csv」則代表轉存格式為 CSV 檔案。「2」則是是英文的「to」，所以「slip2csv」則有「傳票轉存為 CSV 檔案」的意思。2 常常因為英文諧音而被當成 to 使用。

本章的範例程式將從多個業績傳票檔案製作業績一覽表（見圖
3-5）。

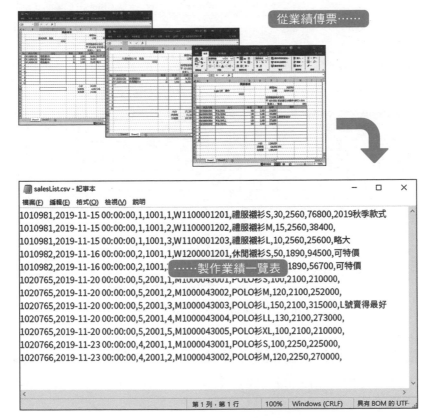

圖 3-5　程式的基本執行內容

目前的業績傳票檔案是由每位員工自行整理成一個檔案，每一
張傳票都製作成一張工作表（見下頁圖 3-6），所以一個檔案會有
多張工作表。

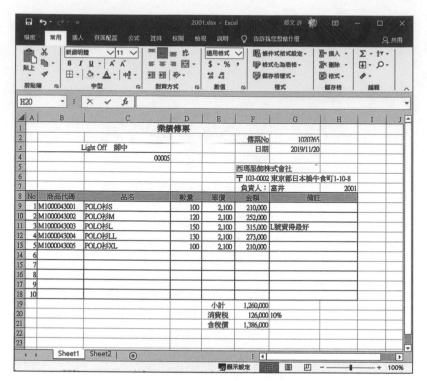

圖 3-6　業績傳票檔案的內容

接下來，要從上述業績傳票檔案，將 82 頁圖 3-4 指定的範圍資料，轉存為 CSV 格式的一覽表檔案 salesList.csv（見下頁圖 3-7）。

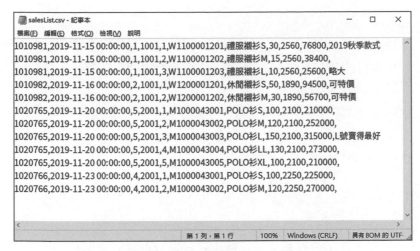

圖 3-7　集結各業績傳票資料的 **salesList.csv**

接著了解一下程式的內容。由於我們會邊看邊比較這部分的程式碼，如果手邊有電腦，不妨先將範例檔案匯入 Visual Studio Code，會比較方便閱讀。這些範例檔案都存於「第 3 章」資料夾的 python_prg 資料夾，請在 Visual Code Studio 開啟這個資料夾，再匯入 sales_slip2csv.py 這個檔案[*]。

每一行的內容會於本章後半段說明，在此只需要先了解重點，以及這些重點會執行哪些處理，又是以何種順序進行處理就夠了。

```
1    import pathlib  # 標準函式庫
2    import openpyxl # 外部函式庫
3    import csv      # 標準函式庫
4
```

---

[*]　若要下載範例檔，請參考 11 頁的說明。

```
5
6    lwb = openpyxl.Workbook()    #將業績一覽表活頁簿宣告為lwb
7    lsh = lwb.active              #選擇預設的工作表
8    list_row = 1
9    path = pathlib.Path("..\data\sales")   #指定相對路徑
10   for pass_obj in path.iterdir():
11   ┠──→ if pass_obj.match("*.xlsx"):
12   ┠──→┠──→ wb = openpyxl.load_workbook(pass_obj)
13   ┠──→┠──→ for sh in wb:
14   ┠──→┠──→┠──→ for dt_row in range(9,19):
15   ┠──→┠──→┠──→┠──→ if sh.cell(dt_row, 2).value != None:
16   ┠──→┠──→┠──→┠──→┠──→ lsh.cell(list_row, 1).value =
                              sh.cell(2, 7).value
17   ┠──→┠──→┠──→┠──→┠──→ lsh.cell(list_row, 2).value =
                              sh.cell(3, 7).value
18   ┠──→┠──→┠──→┠──→┠──→ lsh.cell(list_row, 3).value =
                              sh.cell(4, 3).value
19   ┠──→┠──→┠──→┠──→┠──→ lsh.cell(list_row, 4).value =
                              sh.cell(7, 8).value
20   ┠──→┠──→┠──→┠──→┠──→ lsh.cell(list_row, 5).value =
                              sh.cell(dt_row, 1).value
21   ┠──→┠──→┠──→┠──→┠──→ lsh.cell(list_row, 6).value =
                              sh.cell(dt_row, 2).value
22   ┠──→┠──→┠──→┠──→┠──→ lsh.cell(list_row, 7).value =
                              sh.cell(dt_row, 3).value
23   ┠──→┠──→┠──→┠──→┠──→ lsh.cell(list_row, 8).value =
                              sh.cell(dt_row, 4).value
```

```
24 ├──→├──→├──→├──→├──→lsh.cell(list_row, 9).value =
                     sh.cell(dt_row, 5).value
25 ├──→├──→├──→├──→├──→lsh.cell(list_row, 10).value =
                     sh.cell(dt_row, 4).value * \
26 ├──→├──→├──→├──→├──→sh.cell(dt_row, 5).value
27 ├──→├──→├──→├──→├──→lsh.cell(list_row, 11).value =
                     sh.cell(dt_row, 7).value
28 ├──→├──→├──→├──→├──→list_row += 1
29
30 with open("..\data\sales\salesList.
   csv","w",encoding="utf_8_sig") as fp:
31 ├──→writer = csv.writer(fp,lineterminator="\n")
32 ├──→for row in lsh.rows:
33 ├──→├──→writer.writerow([col.value for col in row])
          #串列推導式
```

程式碼 3-1　**sales_slip2csv.py**

　　第 1 行先以 import pathlib 載入標準函式庫的 pathlib，之後就能在程式之中，快速操作檔案與資料夾*。

　　要撰寫處理檔案的程式時，一定會用到 pathlib 這個函式庫。

　　所謂「路徑」就是指定電腦內部特定資源位置的字串，而這個字串在程式裡，通常被當成檔案或資料夾（目錄）的儲存位置（硬碟或 SSD）。

---

*　之所以能快速操作檔案與資料夾，是因為將路徑當成物件操作。關於物件的說明，請
　參考第 2 章的「物件導向」。

　　於第 2 行匯入的 openpyxl 則是用於操作 Excel 檔案的函式庫。openpyxl 是外部函式庫，所以使用之前必須先安裝[*]。由於最後要轉存為 csv 檔案，所以在第 3 行匯入標準函式庫的 csv。

用語解說

CSV 檔案

　　CSV 是 Comma Separated Value 的縮寫，也就是以逗號（Comma）間隔（Separated）值（Value）的意思。雖然 CSV 檔案的副檔名為 csv，但其實本質為文字檔案，可直接以記事本這類文字編輯程式或 Visual Code Studio 開啟，當然也能在 Excel 開啟。Excel、Access、伺服器的資料庫或某些業務專用軟體，都是透過 CSV 檔案存取資料。

　　繼續說明程式的內容。

　　第 6 行的 openpyxl.Workbook() 是新增活頁簿的函式，此時將會傳回活頁簿物件（具體來說，就是新增的活頁簿）。

```
lwb = openpyxl.Workbook()
```

程式碼 3-2　sales_slip2csv.py 的第 6 行程式碼

　　此時這個活頁簿只有名為 Sheet 的工作表，所以透過 lsh = lwb.active 這個指令取得正在使用的工作表（第 7 行程式）。換言之，

---

[*]　安裝外部函式庫的方法請參考後文「02｜撰寫實用程式的基本技巧」。

我們之後要將業績傳票的內容，轉存至這個 lsh 工作表物件，藉此完成業績一覽表，也因此我們姑且將這張 lsh 工作表稱為業績一覽工作表。

第 8 行代入 1 的 list_row，是指在業績一覽工作表的第幾列新增業績明細的變數。

```
list_row = 1
```

程式碼 3-3　**sales_slip2csv.py** 的第 8 行程式

使用這個變數可讓我們在一覽表裡新增資料。

第 9 行的 pathlib.Path() 則是建立 Path 物件。

```
path = pathlib.Path("..\data\sales")
```

程式碼 3-4　**sales_slip2csv.py** 的第 9 行程式

這個函式的參數指定了 \data\sales 這個資料夾，但大家有沒有發現前面指定的是「..」的路徑。這種指定方式稱為相對路徑，「..」代表的是目前的資料夾，也就是儲存範例程式的資料夾的父資料夾（上一層的資料夾）*。

接著將注意力放在第 10 行的 for 陳述式的 path.iterdir()。

---

*　若只是「.」，則代表目前所在位置的資料夾。

```
for pass_obj in path.iterdir():
```

程式碼 3-5　**sales_slip2csv.py** 的第 **10** 行程式

　　當路徑代表的是資料夾，就依序將資料夾裡的檔案或資料夾名稱，當成路徑物件傳回，如此一來，就能針對每個傳回的路徑物件，重複執行從第 11 行開始的處理。

　　第 11 行的程式在 if 陳述式使用了 pass_obj.match() 函式。

```
├──→ if pass_obj.match("*.xlsx"):
```

程式碼 3-6　**sales_slip2csv.py** 的第 **11** 行程式

　　第 11 行是先確認第 10 行的傳回值的路徑是否存在，換言之，就是先檢查有沒有「*.xlsx」這類 Excel 檔案。如果傳回的是 Excel 檔案，再進行第 12 行之後的處理，否則就回到第 10 行的處理，對後續的檔案進行相同的處理。

　　以星號（*）輸入 *.xlsx 的路徑，可指定特殊檔案名稱的檔案，例如 *.xlsx 可代表副檔名為 xlsx 的檔案，如此一來就能知道傳回的檔案是否為 Excel 檔案。

　　找到 Excel 檔案後，執行第 12 行程式，其中 load_workbook() 函數會載入活頁簿，接著透過第 13 行的 for sh in wb 依序取得活頁簿的工作表，之後再針對每張工作表執行相關的處理。

```
        wb = openpyxl.load_workbook(pass_obj)
        for sh in wb:
```

程式碼 3-7 **sales_slip2csv.py 的第 12、13 行程式**

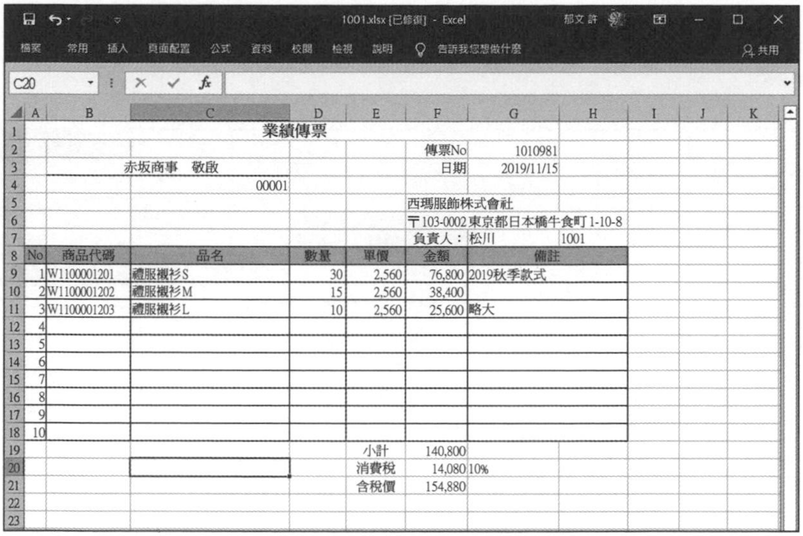

		業績傳票				
					傳票No	1010981
	赤坂商事　敬啟				日期	2019/11/15
		00001				
					西瑪服飾株式會社	
					〒103-0002 東京都日本橋牛食町 1-10-8	
					負責人：松川	1001
No	商品代碼	品名	數量	單價	金額	備註
1	W1100001201	禮服襯衫S	30	2,560	76,800	2019秋季款式
2	W1100001202	禮服襯衫M	15	2,560	38,400	
3	W1100001203	禮服襯衫L	10	2,560	25,600	略大
4						
5						
6						
7						
8						
9						
10						
				小計	140,800	
				消費稅	14,080	10%
				含稅價	154,880	

圖 3-8 **在 Excel 製作的業績傳票**

由圖 3-8 可看出，業績明細從第 9 列開始，最大範圍為 10 列，所以利用程式碼 3-1 第 14 行的 for dt_row in range(9,19)，操作工作表的第 9 ～ 18 列。

```
            for dt_row in range(9,19):
```

程式碼 3-8 **sales_slip2csv.py 的第 14 行**

dt_row 是讀取資料時的列編號變數。

　　這一行程式為 for 陳述式，所必須指定要重複執行處理的範圍，而範例之中指定的是 range(9,19)。像這樣在 range 函數指定起始值與終止值時，會從開始值遞增，直到傳回終止值的前一個整數。由於要處理到第 18 列，所以將終止值設定為 19。

　　接著要整理組成工作表的物件（見圖 3-9）。

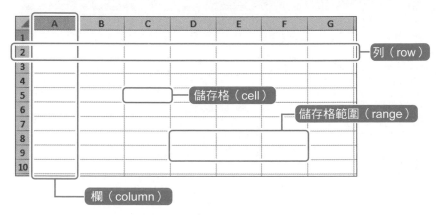

圖 3-9　組成工作表的物件

　　工作表由列與欄組成，最小的範圍為一個儲存格，連續的儲存格區塊則稱為儲存格範圍。上述的列、欄、儲存格、儲存格範圍都可當成物件操作。第 15 行以後的處理就是利用上述這些物件讀取需要的資料。

　　回到程式碼的說明。第 15 行的目的在於判斷明細區塊的 B 欄是否輸入了一列列的商品代碼。

```
if sh.cell(dt_row, 2).value != None:
```

程式碼 3-9　sales_slip2csv.py 的第 15 行

這一行程式的意思，是「調查目標列的第二欄（也就是 B 欄）是否輸入了資料」。B 欄是儲存「商品代碼」的儲存格，假設這裡沒有資料，就不需要讀取這一列的內容，此時若是執行了第 15 行程式，就會傳回 None 這個傳回值。

要注意的是，「=」的前面有個「!」。如果沒有這個「!」，第 15 行的意思就會逆轉成「調查目標列的第二欄（也就是 B 欄）是否沒有輸入資料」。由於範例是要在「有」資料時讀取資料，所以用於判斷資料存在與否的是「!=」，而不是「=」。

假設有資料，就會從業績傳票的工作表找出要讀取的儲存格（見圖 3-10）。

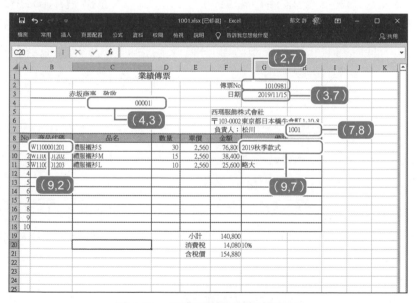

圖 3-10　從業績傳票讀取的範圍

從第 16 ～ 27 行的程式都是轉存資料的處理。第 16 行程式左

邊的 lsh.cell(list_row,1)，將轉存位置指定為業績一覽工作表的第 1
列、第 1 欄。

```
├──→├──→├──→├──→lsh.cell(list_row, 1).value =
              sh.cell(2, 7).value
```

程式碼 3-10　**sales_slip2.csv.py** 的第 **16** 行程式

負責讀取轉存資料的是右側的 sh.cell(2,7).value。

sh.cell(2,7) 代表的是業績傳票工作表的第 2 列、第 7 欄，換言
之，就是儲存格 G2 的傳票 No。

要注意的是指定儲存格編號的方法。Excel 通常會以儲存格 A1
或儲存格 G2 這種同時指定欄與列的格式，指定儲存格編號，但是
Python 則是依照列編號、欄編號的順序指定。再者，欄編號通常以
數字代替，而不是英文字，所以要指定儲存格 G2 時才寫成 sh.cell
（2,7）。

這也是閱讀本書所需的常識，請大家務必記得 Python 指定儲
存格編號的方法與 Excel 不同這點，一定能一下子就將 Excel 的儲
存格編號轉換成 Python 的儲存格編號。

後續的第 17 行程式開始依序轉存日期（sh.cell(3,7),value）、
客戶代碼（sh.cell(4,3).value）、負責人代碼（sh.cell(7,8).value）
這些資料。

```
├──→├──→├──→├──→lsh.cell(list_row, 2).value =
              sh.cell(3, 7).value
```

```
├──→├──→├──→├──→├──→lsh.cell(list_row, 3).value =
                    sh.cell(4, 3).value
├──→├──→├──→├──→├──→lsh.cell(list_row, 4).value =
                    sh.cell(7, 8).value
```

程式碼 **3-11**　**sales_slip2csv.py** 的第 **17 ～ 19** 行

業績傳票也存有客戶名稱與負責人姓名，但這些資訊已於網路銷售管理系統管理，不需要另外轉存。

接著要轉存 dt_row 代表的明細列。

```
├──→├──→├──→├──→├──→lsh.cell(list_row, 5).value =
                    sh.cell(dt_row, 1).value
├──→├──→├──→├──→├──→lsh.cell(list_row, 6).value =
                    sh.cell(dt_row, 2).value
├──→├──→├──→├──→├──→lsh.cell(list_row, 7).value =
                    sh.cell(dt_row, 3).value
├──→├──→├──→├──→├──→lsh.cell(list_row, 8).value =
                    sh.cell(dt_row, 4).value
├──→├──→├──→├──→├──→lsh.cell(list_row, 9).value =
                    sh.cell(dt_row, 5).value
```

程式碼 **3-12**　**sales_slip2csv.py** 的第 **20 ～ 24** 行

第 20 行右邊的 sh.cell(dt_row,1).value 是 No（代表明細順序的編號），接著往右欄移動，讀取 B 欄的商品代碼（sh.cell(dt_row,2).value）再轉存。接著一邊將轉存資料的儲存格往右移動，一邊依序轉存商品名稱（sh.cell(dt_row,3).value）、數量（sh.cell(dt_row,4).value）、單價（sh.cell(dt_row,5).value）這些資料。

接著，請注意下一行的程式。業績傳票的工作表有個儲存格輸入了數量 × 單價的算式，主要是用於計算明細的金額，這一行程式就是要轉存這個儲存格的內容。

若是沿用之前的方式讀取儲存格的內容，會只讀取到算式，而為了讓 D 欄的數量與 E 欄的單價相乘，所以將程式寫成 sh.cell(dt_row, 4).value * sh.cell(dt_row, 5).value，直接由程式計算金額。

```
⟼⟼⟼⟼⟼lsh.cell(list_row, 10).value =
        sh.cell(dt_row, 4).value * \
⟼⟼⟼⟼⟼sh.cell(dt_row, 5).value
```

程式碼 3-13　**sales_slip2csv.py** 的第 **25**、**26** 行

位於第 25 行結尾處的 \（反斜線）是 Python 的行運算子，代表本行程式不需換行，直接與後續一行的程式連接，有些作業環境會顯示為貨幣符號。

轉存最後的備註（sh.cell(dt_row, 7),value），就在代表業績一覽工作表轉存列的 list_row 加 1。

```
⟼⟼⟼⟼⟼lsh.cell(list_row, 11).value =
        sh.cell(dt_row, 7).value
⟼⟼⟼⟼⟼list_row += 1
```

程式碼 3-14　**sales_slip2csv.py** 的第 **27**、**28** 行

第 13 行的 for shi in wb: 會針對活頁簿的每張工作表反覆執行第 14 ～ 28 行的處理，而第 10 行的 for pass_obj in path.iterdir(): 則會對 data\sales 資料夾的所有活頁簿進行處理，最終便能利用所有負責人的業績傳票資料完成業績一覽表。

業績一覽表完成後，就要轉存為 CSV 檔案。第一步要先以 open 的指令開啟要輸出的檔案，但此時若指定了 with，就會在輸出完成後，執行 close 這個指令關閉。

```
with open("..\data\sales\salesList.
csv","w",encoding="utf_8_sig") as fp:
```

程式碼 3-15　**sales_slip2csv.py** 的第 **30** 行

open 的函數指定了要輸出檔案的檔案名稱、讀寫模式與字元編碼（encoding）。讀寫模式的 w 代表寫入，字元編碼則設定成 utf_8_sig，也就是帶有 BOM 的 UTF-8，以免出現亂碼。BOM 是 byte order mark 的縮寫，是在以 Unicode 符號化的文字開頭置入的數個位元資料，Excel 可根據這個 BOM，辨識 Unicode 的符號化方式為 UTF-8，還是 UTF-16 或 UTF-32。

開啟 CSV 檔案，以 as fp 的部分取得檔案名稱，並將檔案名稱存入 fp（檔案指標），再以 csv.writer 寫入資料。lineterminator="\n" 則是用來指定換行字元。

for row in lsh.rows 則是從業績一覽表取得各列資料，之後再以 writer.writerow() 寫入取得的資料。

```
├──→writer = csv.writer(fp, lineterminator="\n")
├──→for row in lsh.rows:
├──→├──→├──→writer.writerow([col.value for col in row])
            #串列推導式
```

程式碼 3-16　**sales_slip2csv.py 的第 31 ～ 33 行（最終行）**

[col.values for col in row] 稱為串列推導式，可從 row（列）取得 col（欄），再於 col.value 代表的串列之中展開。之後以 writer.writerow() 將一列的業績一覽表資料轉存為 CSV。有關串列的部分會於後續說明，目前大家只要知道這是 Python 的一個重要資料結構即可。

提示

改良成方便工作使用的程式

sales_slip2csv.py 是於虛構的環境製作的程式，無法直接套用在大家常用的 Excel 檔案上，但只要稍微修改一下讀取儲存格的部分，就能用來處理任何一種傳票檔案。

從業績傳票讀取資訊的程式是第 16 ～ 27 行。第 16 ～ 19 行的程式會從預設的儲存格讀取業績傳票上的傳票 No、日期、客戶代碼、負責人代碼，如果讀取的資料之中有多餘的項目，使用者可自行刪除該列的資訊，如果有想要新增的項目，則可參考既有的程式碼自行加註。

在追加讀取的儲存格時，基本上只需要改寫左邊與右邊的 cell() 的參數，右邊的參數可用來指定要讀取的儲存格編號，也就是指定業績傳票工作表的儲存格編號。

　　左邊的參數可用來指定寫入位置的儲存格編號，也就是業績一覽表的儲存格編號，但不用改寫「列」（list_row）的內容，只需要指定要在哪一欄寫入讀取的資料。

　　與明細有關的資訊可於第 20 ～ 27 行的程式自訂，自訂的方法與前述一樣，但左邊也不需要變更參數指定的列編號，因為程式會自行取得，只需要指定要追加的儲存格的欄編號。

　　設定要讀取的儲存格之後，請依序檢查第 16 ～ 27 行的左邊，是否為轉存至一覽表之際的儲存格編號。重點在於資訊的排列順序是否正確，代表轉存位置的儲存格編號是否重複，其中有沒有空白的欄編號。容我重申一次，在調整左邊的儲存格編號時，不用修改列編號的 list_row，只需要修改參數的欄編號即可。

02 撰寫實用程式的基本技巧

接著說明在程式碼 3-1 使用的基本技巧,也是要以 Python 撰寫實用程式所需的技巧。

安裝外部函式庫

第 2 章提過,Python 的函式庫分成標準與外部兩種,而標準函式庫會在安裝 Python 時安裝,不需要另行安裝。

在此進一步說明什麼是函式庫。函式庫可分成模組與套件(見圖 3-11)。

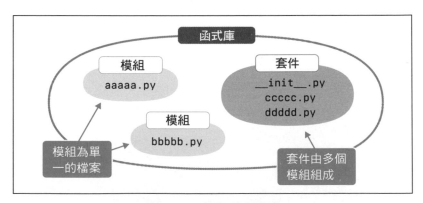

圖 3-11 函式庫的構造

　　模組是副檔名為「.py」的 Python 檔案，可提供某種功能。

　　將多個模組放在一起，以便同時提供多種功能的就是套件，通常會放在存在 __init__.py 檔案的資料夾裡。

　　標準模組與套件都放在 Python 安裝資料夾的 Lib 資料夾裡（見圖 3-12）。

圖 3-12　模組的真面目就是 Lib 資料夾

　　Lib 資料夾裡 .py 檔案就是模組，而套件則會放在資料夾裡。來試著開啟 json 套件（json 資料夾）。

名稱	修改日期	類型	大小
__pycache__	2020/4/29 下午 06:42	檔案資料夾	
__init__.py	2020/2/25 下午 11:30	Python File	15 KB
decoder.py	2020/2/25 下午 11:30	Python File	13 KB
encoder.py	2020/2/25 下午 11:30	Python File	17 KB
scanner.py	2020/2/25 下午 11:30	Python File	3 KB
tool.py	2020/2/25 下午 11:30	Python File	2 KB

圖 3-13　套件資料夾存有 __init__.py 與模組

可以發現這裡有 __init__.py 與很多個模組（見圖 3-13）。像這樣將多個模組放在一起的就是套件。

另一方面，外部函式庫與內建的標準函式庫不同，必須安裝才能使用。

安裝的方法有很多種，本書要介紹的是利用 Visual Studio Code 的終端器執行 pip 指令，安裝外部函式庫的方法。本書從頭到尾都會用到 openpyxl，所以必須先安裝這個函式庫。

請在終端機輸入 pip install openpyxl，然後再按下 Enter 鍵（見圖 3-14）。

圖 3-14　利用 pip 指令安裝 openpyxl

　　如果終端機沒有顯示命令提示字元（>），請點選終端機（從畫面上方的「輸出」、「終端機」、「偵錯主控台」選單之中），再按下 Enter，就能顯示命令提示字元。

　　依照第 1 章介紹的步驟安裝 Python 的話，pip 指令會沿用設定的路徑（意思是，該路徑已新增至 path），所以不用在意現在位於哪個資料夾。

　　執行 pip 指令後，顯示「Successfully installed... openpyxl-3.0.3」，代表安裝成功（見圖 3-15）。

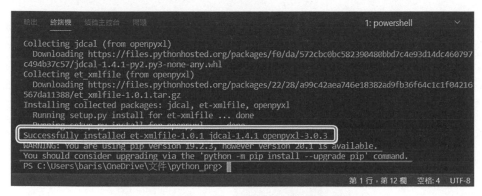

圖 3-15　成功安裝 openpyxl 的終端機畫面

　　圖 3-15 下方顯示了兩行訊息，告訴我們最好替套件管理工具 pip 指令升級。如果顯示了這個訊息，建議在終端機輸入下列的指令，替 pip 指令升級。

```
python -m pip install - -upgrade pip
```

　　連字號（-）的數量也是有意義的，請仔細觀察哪邊是一個，哪邊是兩個,並正確輸入。

此外,若要刪除安裝的套件,可輸入下列的指令。

```
pip uninstall openpyxl
```

利用 if 陳述式撰寫條件分歧

在程式設計的世界裡,某項條件成立就執行某種處理的流程,稱為「條件分歧」,而大部分的程式語言都會以 if 陳述式撰寫,Python 也不例外,在此為大家介紹 Python 的 if 陳述式(見圖 3-16)。

最簡單的 if 陳述式就是在條件成立時(條件為真 =True),「執行某種處理」。

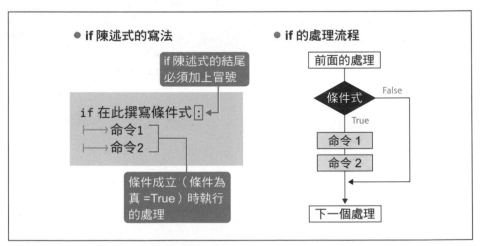

圖 3-16　條件成立就執行處理,否則就跳過處理的 if 陳述式

條件式的結尾一定要加上冒號，後續的縮排部分就是要執行的程式區塊。當條件式為真，程式區塊的內容就會執行。

sales_slip2csv.py 的 第 11 行「if pass_obj.match("*.xlsx"):」，或第 15 行的「if sh.cell(dt_row,2).values != None:」，就是實際使用的範例。「if pass_obj.match("*.xlsx"):」會在路徑物件為 *.xlsx 時，繼續下方縮排格式的處理（第 12 行～ 28 行）。

第 15 行 的「if sh.cell(dt_row,2).values != None:」則 會 在 dt_row 代表的列編號的第 2 欄（商品代碼）不為 None（沒有輸入任何內容的情況）時，執行縮排的程式碼，將業績傳票的內容轉存至業績一表工作表。

本章的範例程式只在條件成立時，執行處理，條件不成立，就不執行任何處理。但有時候會需要依照條件成不成立而執行不同的處理，例如猜對答案就顯示「○」，猜錯答案就顯示「×」，就是這類處理，此時就必須改以 if:else: 的語法撰寫（見圖 3-17）。

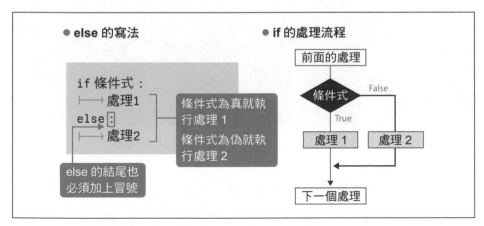

圖 3-17　於條件不成立時執行的處理以 else 撰寫

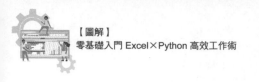

例如，下面的程式可輸出 good!、no good! 的字串。

```python
score = 82
if score >= 80:
    print("good!")
else:
    print("no good!")
```

程式碼 3-17　判斷分數是否大於等於 80 的程式

請開啟 Visual Studio Code，試著輸入上述這段程式碼（見圖 3-18）。檔案可隨意命名。

```
檔案(F)　編輯(E)　選取項目(S)　檢視(V)　移至(G)　執行(R)　終端機(T)　說明(H)

  sample2.py  ×

d: > 038采實文化 > 03 > python_prg >   sample2.py > [∅] score
  1    score = 82
  2    if score >= 80:
  3        print("good!")
  4    else:
  5        print("no good!")
  6
```

圖 3-18　在 Visual Studio Code 輸入程式碼

輸入程式碼之後，如果一切無誤，在 if 陳述式的結尾輸入冒號與換行，下一行的程式就會自動套用縮排樣式，在左側輸入括號或雙引號，也會自動輸入另一側用於關閉的括號與雙引號，以免不小心忘記輸入。

　　輸入程式之後，點選「執行」的「執行但不偵錯」，偵錯主控台應該會顯示「good!」。請試著將第 1 行代入 score 的值，換成其他值，看看程式執行後的結果。

　　這雖然是個很簡單的程式，卻寫了條件成立時的處理（if 陳述式後面的區塊）和條件不成立時的處理（else 後面的區塊）。

　　假設要設立很多條件，可使用 if: elif: else: 的語法（見圖3-19）。如果 if 陳述式的條件不適用，可利用 elif 陳述式另外新增條件式，最後再以 else 撰寫所有條件都不成立的處理。

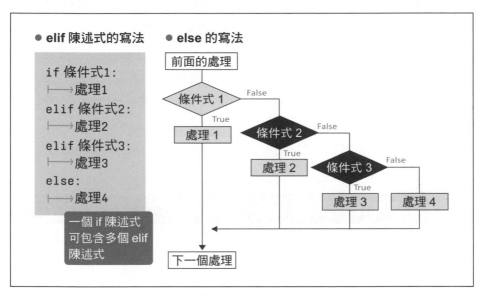

圖 3-19　撰寫多個條件時，可使用 elif 語法

```
1    score = 94
2    if score >= 90 :
3    ├──→ print("S")
4    elif score >= 80 :
5    ├──→ print("A")
6    elif score >= 70 :
7    ├──→ print("B")
8    elif score >= 60 :
9    ├──→ print("C")
10   else:
11   ├──→ print("D")
```

程式碼 3-18　根據分數排名的程式

　　elif 陳述式可以同時出現很多個。執行這個程式之後，會顯示 S 這個結果。請大家與程式碼 3-17 做一樣的練習，試著調整代入第 1 行的 score 的值，確認每一行 elif 陳述式的執行結果。

執行重複處理時的 for 語法

　　接著要請大家回頭看看程式碼 3-1。

```
1    import pathlib  # 標準函式庫
2    import openpyxl # 外部函式庫
3    import csv      # 標準函式庫
4
```

```
5
6   lwb = openpyxl.Workbook()    #將業績一覽表活頁簿宣告為lwb
7   lsh = lwb.active             #選擇預設的工作表
8   list_row = 1
9   path = pathlib.Path("..\data\sales")  #指定相對路徑
10  for pass_obj in path.iterdir():
11  ├──── if pass_obj.match("*.xlsx"):
12  ├────├──── wb = openpyxl.load_workbook(pass_obj)
13  ├────├──── for sh in wb:
14  ├────├────├──── for dt_row in range(9,19):
15  ├────├────├────├──── if sh.cell(dt_row, 2).value != None:
16  ├────├────├────├────├──── lsh.cell(list_row, 1).value =
                             sh.cell(2, 7).value
17  ├────├────├────├────├──── lsh.cell(list_row, 2).value =
                             sh.cell(3, 7).value
18  ├────├────├────├────├──── lsh.cell(list_row, 3).value =
                             sh.cell(4, 3).value
19  ├────├────├────├────├──── lsh.cell(list_row, 4).value =
                             sh.cell(7, 8).value
20  ├────├────├────├────├──── lsh.cell(list_row, 5).value =
                             sh.cell(dt_row, 1).value
21  ├────├────├────├────├──── lsh.cell(list_row, 6).value =
                             sh.cell(dt_row, 2).value
22  ├────├────├────├────├──── lsh.cell(list_row, 7).value =
                             sh.cell(dt_row, 3).value
23  ├────├────├────├────├──── lsh.cell(list_row, 8).value =
                             sh.cell(dt_row, 4).value
24  ├────├────├────├────├──── lsh.cell(list_row, 9).value =
```

```
                              sh.cell(dt_row, 5).value
25 ┠───┠───┠───┠───┠───→ lsh.cell(list_row, 10).value =
                              sh.cell(dt_row, 4).value * \
26 ┠───┠───┠───┠───┠───→ sh.cell(dt_row, 5).value
27 ┠───┠───┠───┠───┠───→ lsh.cell(list_row, 11).value =
                              sh.cell(dt_row, 7).value
28 ┠───┠───┠───┠───┠───→ list_row += 1
29
30 with open("..\data\sales\salesList.
   csv","w",encoding="utf_8_sig") as fp:
31 ┠───→ writer = csv.writer(fp, lineterminator="\n")
32 ┠───→ for row in lsh.rows:
33 ┠───┠───→ writer.writerow([col.value for col in row])
              #串列推導式
```

程式碼 3-19　本章的範例程式（即程式碼 3-1）

　　第 10 行與第 13、14 行出現了 for ～ in 陳述式，這是要讓相同
處理重複執行的語法（見圖 3-20）。若放眼整段程式碼，這部分的
重複處理算是程式碼的核心，但這兩個部分的語法都一樣。

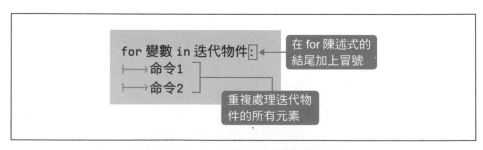

圖 3-20　以 for in 陳述式撰寫的重複處理

迭代物件就是從多個元素逐個傳回元素的物件。

以第 10 行的 for pass_obj in path.iterdir(): 的 path.iterdir() 代表參數的路徑為資料夾時，逐個傳回資料夾裡的檔案和資料夾，所以能依序操作多個 Excel 檔案，而且不會重複檔案。

此外，第 13 行的 for sh in wb: 是從 wb（活頁簿）逐次取出 sh（工作表），所以可逐個處理活頁簿的每一張工作表。

第 14 行程式碼的 dt_row in ange(9,19) 則是以 for 陳述式與 range 函數組成（見圖 3-21）。

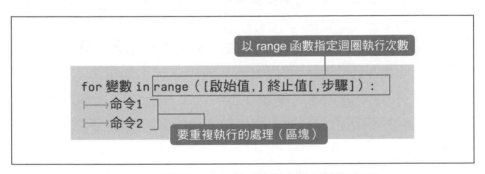

圖 3-21　利用 for-range 陳述式重複執行處理

第 14 行的 for 陳述式雖然是處理業績傳票的明細，但要執行的處理比較多，所以讓我們利用簡單一點的範例程式說明 for-range 陳述式的執行流程。

```
for i in range(5):
    print("迴圈：{}".format(i))
```

程式碼 3-20　使用 for-range 陳述式的程式

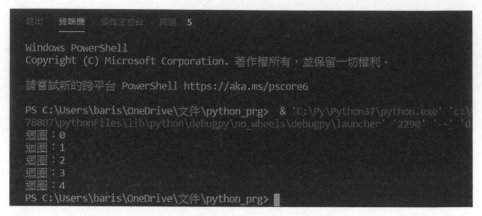

圖 3-22　**輸出 0 至 4，執行了 5 次**

在 for 陳述式的 range 函數設定第一個參數之後，就能以 0 為啟始值，不斷執行到第一個指定的次數。這次的範例指定為 5，所以執行了 5 次 print 函數，輸出了 0、1、2、3、4 這五個結果（見圖 3-22）。這個範例檔案使用字串的 format 方法，將變數 i 的值在 {} 裡展開。

接著看看指定了第二個參數的程式。

```
for i in range(1 , 5):
    print("迴圈：{}".format(i))
```

程式碼 3-21　**連 range 的第二個參數都指定的程式**

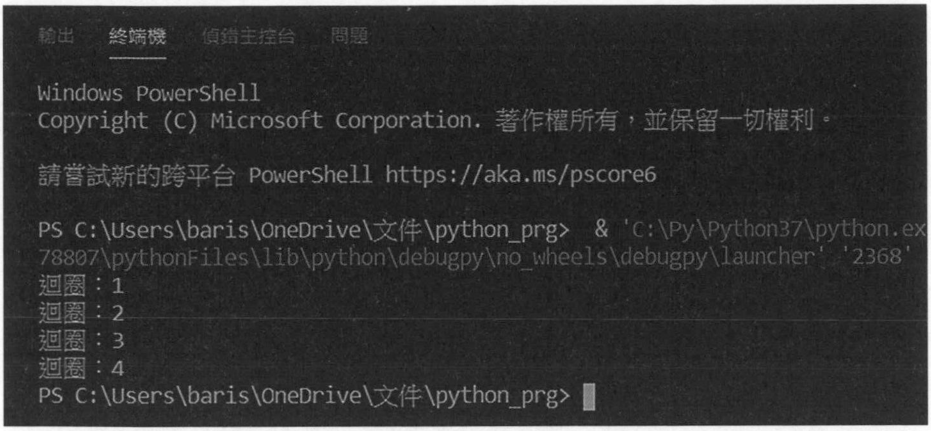

```
輸出     終端機     偵錯主控台     問題

Windows PowerShell
Copyright (C) Microsoft Corporation. 著作權所有，並保留一切權利。

請嘗試新的跨平台 PowerShell https://aka.ms/pscore6

PS C:\Users\baris\OneDrive\文件\python_prg>  & 'C:\Py\Python37\python.ex
78807\pythonFiles\lib\python\debugpy\no_wheels\debugpy\launcher' '2368'
迴圈：1
迴圈：2
迴圈：3
迴圈：4
PS C:\Users\baris\OneDrive\文件\python_prg> █
```

圖 3-23　輸出 1 至 4，執行了 4 次

　　指定了第一個與第二個參數之後，就會從啟始值開始執行，直到終止值的前一個整數之前結束，所以這個範例檔會執行 4 次 print 函數，輸出 1、2、3、4 這四個結果（見圖 3-23）。

　　回到本章的範例程式，重新觀察從業績傳票轉存的儲存格範圍（見下頁圖 3-24）。

圖 3-24　業績傳票資料的轉存範圍

第 14 行程式碼的 for dt_row in range(9,19) 就是處理業績傳票工作表第 9 ～ 19 列的前一列，也就是第 18 列的資料。

dt_row 會依序代入 9、10、……、17、18 的值。cell（儲存格）的列與欄的指定方式可寫成下列的程式碼。

```
lsh.cell(list_row,1).value = sh.cell(2,7).value
```

寫得簡單一點，可寫成下列這種程式。

```
lsh.cell(row=list_row,column=1).value =
sh.cell(row=2,column=7).value
```

上述的程式將 row 與 column 的內容寫得更清楚。

從 Excel 檔案匯入的範圍

　　本章的範例程式先指定了列與欄，再存取工作表的儲存格，而工作表會以迭代物件的方式傳回列，列也會傳回儲存格，所以只要像這樣使用迭代物件，就能直接指定要讀取的儲存格，不用額外指定列編號與欄位編號。

　　接著利用 data 資料夾的 sample.xlsx，了解直接讀取特定儲存格的方法[*]。

	A	B	C	D	E	F	G
1	1	A	字串 1	100	2,100	100,000	
2	2	B	字串 2	110	2,100	110,000	
3	3	C	字串 2	120	2,100	120,000	
4	4	D	字串 4	130	2,100	130,000	
5	5	E	字串 5	140	2,100	140,000	
6							
7							
8							

圖 3-25　**sample.xlsx 的內容**

　　圖 3-25 這張工作表的 A1 至 A5 已經依序輸入資料。

　　若使用下面的程式，就能讀取 sample.xlsx，從 workbook 的 sheet 取得 row（列），再從 row 取得 cell（儲存格），最後再依序

---

[*]　sample.xlsx 也是範例檔案之一。

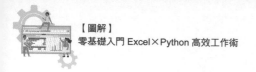

輸出取得的內容。

```
import openpyxl


wb = openpyxl.load_workbook("..\data\sample.xlsx")
for sheet in wb:
├──→ for row in sheet:
├──→├──→ for cell in row:
├──→├──→├──→ print(cell.value)
```

程式碼 3-22　從特定工作表自動取得資料範圍的程式

請在 Visual Studio Code 輸入上述這段程式碼。Python 檔案與
sales_slip2csv.py 同樣放在 python_prg 資料夾裡，但記得要以不同
的檔案名稱儲存。輸入完畢後，點選「執行」選單的「執行但不進
行偵錯」，就可在畫面的「終端機」確認執行結果（見圖 3-26）。

輸出　**終端機**　偵錯主控台　問題　**6**　　　　　　　　　　　　　2: Python Debug Consc ⌄

```
1
A
字串1
100
2100
100000
2
B
字串2
110
2100
110000
3
C
字串3
120
2100
```

圖 3-26　依序輸出列與欄

116

可發現依照欄位的順序，輸出工作表各列的儲存格內容。只要像這樣依照一定的規律在單一範圍內輸入資料，就能利用 for row in sheet: 依序傳回資料範圍的每一列，再列用 for cell in row: 依序存取每一列的儲存格。就算是要從其他檔案讀取資料，也不用重寫程式裡的「從哪個範圍讀取到哪個範圍」的部分，很方便吧！

不過，當資料的格式不整齊，或是有些儲存格是空白，那麼會得到什麼結果呢？一起來了解程式會如何判斷欄或列的結尾處。

請試著讓 G 欄保持空白，並在 H 欄新增數值，接著讓第 6 列保持空白，再於第 7 列的 A 欄輸入數值（見圖 3-27）。

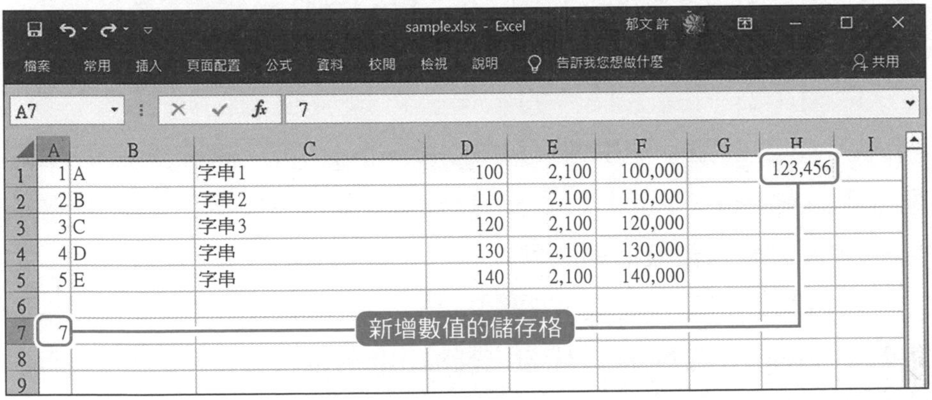

圖 3-27　在列與欄各空一格，再新增數值

對這張工作表執行程式碼 3-22，看會得到什麼結果。

圖 3-28　輸出有空白的資料（從第 1 ～ 3 列的第一個儲存格）

　　從圖 3-28 偵錯主控台的結果，可以發現一開始仍然從第 1 列的 A 欄依序顯示至 F 欄的 100000，但是下一欄是空白的儲存格，所以輸出了 None，代表沒有讀取到資料，接著再輸出 H 欄的 123456，然後繼續讀取第 2 列。

　　讀取第 2 列時，先從 A 欄開始依序輸出 2、B，110000 的後面也輸出了 None 與 None，代表這裡輸出的範圍是到上面一列還有值的位置。

圖 3-29　**輸出有空白的資料（從第 5 ～ 7 列）**

接著看看到最後一列的輸出結果（見圖 3-29）。輸出儲存格 F5（第 5 列的第 6 個儲存格）的 140000 後，連續輸出 10 次的 None，接著再輸出 7，最後又輸出了與剩下欄位的儲存格數量相當的 None。

從上述的結果來看，for row in sheet: 與 for cell in row: 的讀取範圍（Range）以欄與列最後一筆資料的位置為最大範圍，換言之，就是從 A1 到 H7 的這塊儲存格範圍。

提示

將資料「寫入」Excel 工作表的 Python 程式碼

到目前為止，都是讀取工作表資料的處理，而在此要介紹的是，將資料寫入 Excel 的方法。

可將 sales_slip2csv.py 的下列部分轉換成註解，讓這部分的程

式碼不再執行（見圖 3-30）。

```
with open("..\data\sales\salesList.
csv","w",encoding="utf_8_sig") as fp:
```

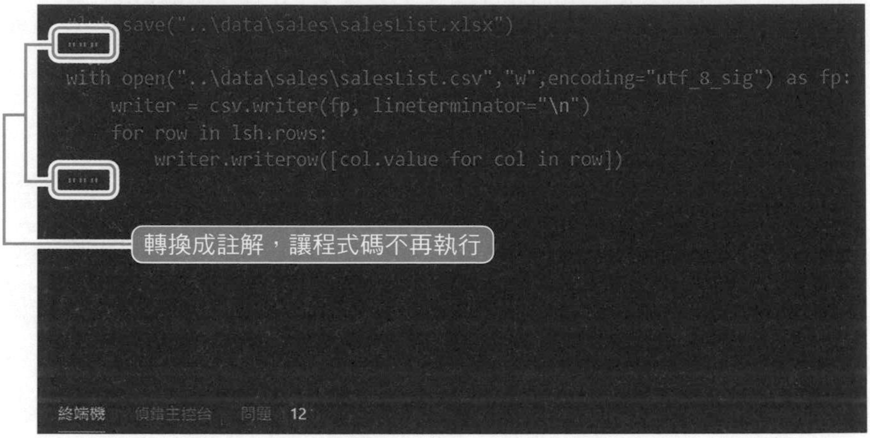

圖 3-30　**讓輸出 CSV 的程式碼轉換成註解**

接著以 workbook 的 save 方法，寫成下列的程式碼再儲存*。

```
lwb.save("..\data\sales\salesList.xlsx")
```

執行程式之後，就能輸出業績一覽表的 xlsx 檔案**。

---

*　在此加註的列不會在後續的說明出現。

**　若已執行這個改寫過的 sales_slip2csv.py，再次執行前，先刪除新增的 salesList.xlsx，
　　　否則就會再次讀入 salesList。

資料格式之一的串列

CSV 的部分要請大家特別注意串列（list）。範例程式的第 33 行程式碼以 writer.writerow 方法將資料一列一列寫入 CSV 檔案。這個參數如下。

```
[col.value for col in row]
```

這裡使用了串列推導式這項技巧。

串列與其他語言的陣列很像，可用來呈現 0 個以上的元素如何排列，只需利用方括號（[ ]）括住所有元素。

讓我們以列出參加者測驗分數這個範例來解說此技巧。假設參加者有五人，分別分別為 90 分、92 分、76 分、86 分與 67 分，我們要以串列格式將這些分數代入變數 result，此時程式碼可寫成下列的內容。

```
result = [90,92,76,86,67]
```

由於是以逗號間隔每個元素的值，所以可說是最適合輸出為 CSV 的資料了。

> ## 提示
>
> ### 與串列極為相似的值組
>
> Python 還有一個與串列非常相似的資料結構,這個資料結構就稱為值組(tuple)。值組的語法是 result = (90,92,76,86,67) 這種以小括號(( ))括住元素的格式。串列與值組的差異在於是否可變(mutable)。這裡説的可變,是指資料結構建立後,是否能更變更內容的意思。串列是可變的資料結構,所以元素可以替換,意即串列可在建立之後刪除或新增元素,反觀值組為不可變的資料結構,所以不能變更元素。兩者都可利用索引編號存取,也能同時接受資料類型不同的元素。

接著,繼續說明串列推導式。串列推導式的語法如下。

```
[表達式 for 變數名稱 in 迭代物件]
```

使用這個語法可將迭代物件的元素代入**變數名稱**,再以表達式評估,同時會將評估結果當成元素,另外產生串列。一如前述,迭代物件就是從多個元素之中,逐次傳回一個元素的物件,串列或值組則可依序取出值,所以又稱為序列類型。順帶一提,Python 將字串類型的資料分類為序列類型。

```
[col.value for col in row]
```

　　從上頁所列的第 33 行來看，表達式為 col.value，迭代物件為 col in row，翻譯成白語文就是「從 row（列）取得 col（欄），再以表達式 col.value 建立以各值為元素的串列」。

　　為了具體觀察串列的資料，而在 sales_slip2csv.py 的第 34 行利用 print 函數，顯示新增的串列的每一列資料（見圖 3-31）。

● 程式碼

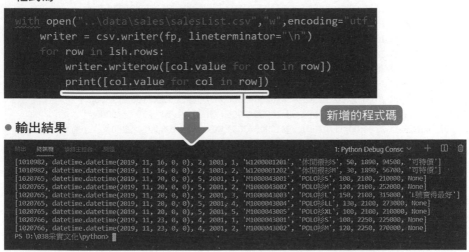

圖 3-31　確認以 **[col.value for col in row]** 建立的資料

　　利用 writer.writerow() 輸出串列（第 33 行程式碼），CSV 會輸出一列資料。

以 CSV 格式輸出

觀察一下以 sales_slip2csv.py 建立的 CSV 檔案（見圖 3-32）。

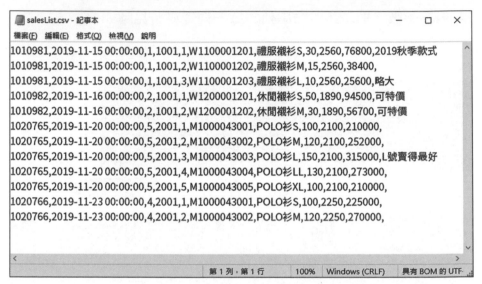

圖 3-32　以本章範例程式輸出的 CSV 檔案

之所以將輸出格式設定為 CSV 檔案，是為了能利用任何軟體（這裡當然是指虛擬的網路銷售管理系統）開啟，所以指定格式時，必須考慮軟體的規格。

例如 quote 處理。圖 3-32 的資料沒有附上 quote 符號。有些軟體需要在非數值的項目加上 quote 符號，有的則是所有內容都需要加上 quote 符號，在格式上是不一樣的。

假設系統的規格是「必須在非數值的項目加上 quote」，可在以 csv.writer 產生 CSV 檔案時，如下頁加入 quote 的敘述。

```
writer = csv.writer(fp, quoting=csv.QUOTE_NONNUMERIC,
lineterminator="\n")
```

「QUOTE_NONNUMERIC」 是 指「 替 非 數 值 資 料 加 上 QUOTE」的意思。其輸出結果如下圖 3-33。

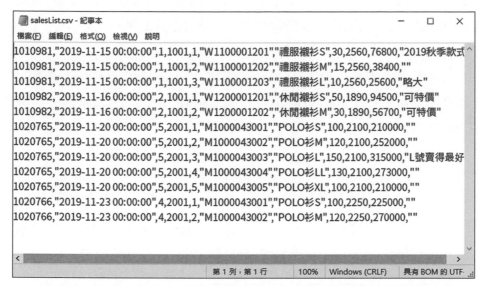

圖 3-33　指定 quoting=csv.QUOTE_NONNUMERIC 再輸出的 CSV

如果希望所有項目都加上 QUOTE 符號，可指定為 quoting=csv. QUOTE_ALL，如此一來，會連數值都加上 QUOTE 符號。反之，若所有資料都不想加上 QUOTE 符號，可指定為 quoting=csv.QUOTE_ NONE。若是省略不指定，會採用預設的 QUOTE_MINIMAL，也就是只在會讓語法剖析器*混亂的特殊字元加上 QUOTE 符號。

---

* 　語法剖析器（parser）是剖析語法的軟體，處理資料的軟體通常會內建這項功能。

Excel 檔案位於伺服器或 NAS 時的處理

本章的範例程式預設程式與業績傳票的 Excel，都位於自己的電腦，但其實在一般的職場裡，檔案通常位於檔案伺服器、NAS[*]這些網路上，此時有可能會以網路上的伺服器或資料夾為網路硬碟，指派磁碟代號。已經有不少環境是指派了磁碟代號，此時就必須在程式碼裡，指定包含磁碟代號的絕對路徑（完整路徑），才能指定資料夾。

例如 z 磁碟有一個 \data\sales 資料夾，業績傳票 Excel 檔案放在這個資料夾裡，此時可將第 9 行的 pathlib.Path() 的參數改寫成下列的內容。

```
path = pathlib.Path("z:\data\sales")
```

要在相同的資料夾（z 磁碟的 \data\sales 資料夾）寫入 CSV 檔案，必須將第 30 行的 open 函數的參數改寫成下列的內容。

```
with open("z:\data\sales\salesList.csv","w",encoding="utf_8_sig") as fp:
```

如此一來，業績傳票就算放在其他位置，也能使用這個程式。

有關 sales_slip2csv.py 的說明就到這裡。試著在 Visual Studio

---

[*] NAS（Network Attached Storage）是透過網路使用的輔助儲存裝置。可視為某種檔案伺服器。

Code 開啟 sales_slip2csv.py 再執行看看。執行時，可點選「執行」
的「執行但不進行偵錯」。

執行之後，顯示「版本錯誤」？

麻美正在呼叫千岳，看來又發生危機了……

••

麻美：千岳，你幫我看看！為什麼出現錯誤啊！

千岳：我立刻去看，千萬別關掉畫面喔，麻美！

看了麻美的電腦畫面之後，千岳似乎知道原因了。

千岳：啊，這是 PermissionError:[Errno 13] 啦！會出現這種錯
　　　誤代表妳已經先開啟了業績傳票的 Excel 檔案。之前不
　　　是說要先關掉所有 Excel 檔案再執行程式嗎？

麻美：就說你不是跟我說的啊！而且就算你跟我這麼說，我也
　　　不知道誰開了哪個檔案！

千岳：嗯，也是，業務檔案通常都放在伺服器上面。我剛好學
　　　了怎麼處理錯誤，讓我想一下再處理吧！

・・

　　程式的執行總是有可能會發生預料之外的問題，一旦發生，程式就會停止執行，也就是發生錯誤。本章的範例程式 sales_slip2csv.py 以第 12 行的 openpyxl.load_workbook() 開啟 Excel 檔案時，若檔案已經先開啟，就會顯示 PermissionError:[Errno 13] Permission denied 這個錯誤訊息，而且程式也會停止執行，所以非得撰寫處理這類情況的程式。

　　Python 內建了偵測這種錯誤的功能，讓我們在 sales_slip2csv.py 加上這項功能，讓程式變得更完美。

```
1    import pathlib
2    import openpyxl
3    import csv
4
5    try:
6    ├── lwb = openpyxl.Workbook()
7    ├── lsh = lwb.active
8    ├── list_row = 1
9    ├── path = pathlib.Path("z:\data\sales")
10   ├── for pass_obj in path.iterdir():
11   ├──├── if pass_obj.match("*.xlsx"):
12   ├──├──├── wb = openpyxl.load_workbook(pass_obj)
13   ├──├──├── for sh in wb:
14   ├──├──├──├── for dt_row in range(9,19):
15   ├──├──├──├──├── if sh.cell(dt_row, 2).value != None:
```

```
16                 lsh.cell(list_row, 1).value =
                   sh.cell(2, 7).value
17                 lsh.cell(list_row, 2).value =
                   sh.cell(3, 7).value
18                 lsh.cell(list_row, 3).value =
                   sh.cell(4, 3).value
19                 lsh.cell(list_row, 4).value =
                   sh.cell(7, 8).value
20                 lsh.cell(list_row, 5).value =
                   sh.cell(dt_row, 1).value
21                 lsh.cell(list_row, 6).value =
                   sh.cell(dt_row, 2).value
22                 lsh.cell(list_row, 7).value =
                   sh.cell(dt_row, 3).value
23                 lsh.cell(list_row, 8).value =
                   sh.cell(dt_row, 4).value
24                 lsh.cell(list_row, 9).value =
                   sh.cell(dt_row, 5).value
25                 lsh.cell(list_row, 10).value =
                   sh.cell(dt_row, 4).value * \
26                 sh.cell(dt_row, 5).value
27                 lsh.cell(list_row, 11).value =
                   sh.cell(dt_row, 7).value
28                 list_row += 1
29
30      with open("z:\data\sales\salesList.
        csv","w",encoding="utf_8_sig") as fp:
31          writer = csv.writer(fp, lineterminator="\n")
```

```
32  ├──├──  for row in lsh.rows:
33  ├──├──├──  writer.writerow([col.value for col in row])
34  except PermissionError as ex:
35  ├──  print(ex.filename,"是Permission錯誤")
36  except:
37  ├──  print("出現例外了")
```

程式碼 **3-23**　加註例外處理的 **sales_slip2csv.er.py**

　　第 5 行的程式碼追加了 try，括住了偵測錯誤的程式碼。別忘了在 try 的後面加上冒號，後面的程式碼當然也要縮排一級。

　　從第 34 行開始都是新追加的程式碼。請大家先將注意力放在第 34 行的程式碼，這裡是於 except 具體指定 PermissionError 這種錯誤，藉此偵測有沒有出現這類錯誤。接著是撰寫 PermissionError 發生時的處理。具體來說，就是引用已經開啟的檔案的檔案名稱，再顯示出現 Permission 錯誤的說明。

　　最後的 except:（第 36 行）則是偵測非 PermissionError 的任何一種錯誤，也將這種情況的錯誤訊息設定為「出現例外了」。

　　如此一來，就算要匯入的是已經開啟的檔案，也會顯示如圖 3-34 的錯誤訊息。

發生錯誤

圖 3-34　1001.xlsx 已開啟時的錯誤訊息

　　這個情況是程式執行前就開啟 1001.xlsx，而發生 PermissionError。如果沒有加寫處理例外的部分，一樣會發生 PermissionError 錯誤，程式也一樣會停止，但至少可以知道是因為這個 Excel 檔案已經開啟才發生錯誤。此時，只要把要匯入的檔案先關閉，再重新執行 sales_slip2csv_er.py 就可以。

第 4 章

統計、彙整、交叉分析
……也難不倒

千岳被富井
課長罵了

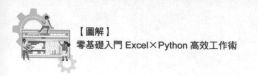

　　千岳被麻美拜託用 Python 製作輸出業績傳票的 CSV 輸出程式，之後卻被富井課長抓去罵了一頓，因為富井課長希望麻美學會 VBA。對於提倡 Python 通用性的千岳，富井課長除了生氣，似乎另有所圖……

富井：千岳，我明明要千田麻美用 VBA 製作，你怎麼自己用 Python 代替了！

業務部的富井課長在總務部門咆哮。

千岳：那是因為麻美拜託我，我又沒辦法拒絕，所以才……

富井：千岳，Excel 當然要用 Excel 從一開始就有的 VBA 來處理，才是最好，為什麼要用其他的語言來寫程式！

千岳：我對 Python 的了解雖然還不夠，Excel VBA 能完成的，Ptyhon 也能完成，而且 Python 還能完成 VBA 做不到的事，所以才覺得 Python 比較好。

富井：喂，你還敢回嘴，你的意思是，業務做的 Excel 訂單與業績統計表，Python 也能做得出來？

千岳：應該做得出來。

富井：既然你都這麼說了，那你就做看看吧！如果做不出來，你就別學什麼 Python，改學 VBA ！

千岳：怎麼感覺是假裝生氣，其實是來交辦工作的？我知道了。

富井：千岳，要把統計表列印出來，再給我拿來啊！

∙∙∙

　　原以為富井課長怒髮衝冠，但似乎另有用意，感覺有點奇怪。

　　我們先整理一下，千岳到目前為止都寫了哪些東西。首先，是請教麻美業務部門製作的統計表，知道每個月都會製作用於觀察業績的負責人與客戶業績統計表，也知道為了掌握訂單增減趨勢，會製作以商品分類或尺寸大小統計的交叉分析表。

　　負責人與客戶業績統計表只要統計以業績傳票製作的業績一覽表，應該就能做得出來。業績一覽表已經在第 3 章先做好了。西瑪服飾與其他公司一樣，都會事先決定每位客戶的負責人，所以只要以客戶→負責人的順序統計業績，就沒問題了。

　　至於訂單的交叉分析表，則可根據訂單傳票製作訂單一覽表，之後再處理吧！

　　千岳似乎還在想該怎麼進行統計，不過就讓他一個人煩惱，我們先繼續說明下去。

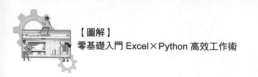
01 | 業績統計與訂單交叉分析

　　本章要介紹三個程式，第一個是第 3 章業績一覽表程式的改良版；第二個是將剛剛的業績一覽表分成負責人與客戶的組別，再進行統計的程式；第三個是將訂單一覽表當成資料來源，以商品分類與尺寸大小交叉分析數量的程式。這次用於統計的資料格式有 Python 最具代表性的資料結構的字典（Dictionary）、串列與值組。最後還要附贈第四個程式，就是能與 Excel 樞紐分析表進行相同分析的程式。

　　接下來，先看看第一個業績一覽表程式。這個程式將會做出下方圖 4-1 這種業績一覽表。

	A	B	C	D	E	F	G	H	I	J	K	L	M	N	O	
1	1010981	2019-11-15 0:00:00		1	赤坂商事	1001	松川	1	W110000	禮服襯衫	30	2560	76800	2019秋季款式		
2	1010981	2019-11-15 0:00:00		1	赤坂商事	1001	松川	2	W110000	禮服襯衫	15	2560	38400			
3	1010981	2019-11-15 0:00:00		1	赤坂商事	1001	松川	3	W110000	禮服襯衫	10	2560	25600	略大		
4	1010982	2019-11-16 0:00:00		2	大型控股	1001	松川	1	W120000	休閒襯衫	50	1890	94500	可特價		
5	1010982	2019-11-16 0:00:00		2	大型控股	1001	松川	2	W120000	休閒襯衫	30	1890	56700	可特價		
6	1020765	2019-11-20 0:00:00		5	Light Off	2001	富井	1	M100004	POLO衫S	100	2100	210000			
7	1020765	2019-11-20 0:00:00		5	Light Off	2001	富井	2	M100004	POLO衫M	120	2100	252000			
8	1020765	2019-11-20 0:00:00		5	Light Off	2001	富井	3	M100004	POLO衫L	150	2100	315000	L號賣得最好		
9	1020765	2019-11-20 0:00:00		5	Light Off	2001	富井	4	M100004	POLO衫L	130	2100	273000			
10	1020765	2019-11-20 0:00:00		5	Light Off	2001	富井	5	M100004	POLO衫X	100	2100	210000			
11	1020766	2019-11-23 0:00:00		4	OSAKA E	2001	富井	1	M100004	POLO衫S	100	2250	225000			
12	1020766	2019-11-23 0:00:00		4	OSAKA E	2001	富井	2	M100004	POLO衫M	120	2250	270000			
13																
14																
15																
16																

Sheet

顯示設定　　100%

圖 4-1　利用 sales_slip2xlsx.py 製作的業績一覽表

這個檔案是從第 3 章的範例程式 sales_slip2csv.py 稍微改良而來，主要是根據相同的業績傳票檔案製作業績一覽表。

一邊複習第 3 章的程式，一邊看看有哪些部分改良了。

```
1    import pathlib
2    import openpyxl
3    import csv
4
5
6    lwb = openpyxl.Workbook()
7    lsh = lwb.active
8    list_row = 1
9    path = pathlib.Path("..\data\sales")
10   for pass_obj in path.iterdir():
11   ├──if pass_obj.match("*.xlsx"):
12   ├──├──wb = openpyxl.load_workbook(pass_obj)
13   ├──├──for sh in wb:
14   ├──├──├──for dt_row in range(9,19):
15   ├──├──├──├──if sh.cell(dt_row, 2).value != None:
16   ├──├──├──├──├──lsh.cell(list_row, 1).value =
                    sh.cell(2, 7).value  #傳票NO
17   ├──├──├──├──├──lsh.cell(list_row, 2).value =
                    sh.cell(3, 7).value  #日期
18   ├──├──├──├──├──lsh.cell(list_row, 3).value =
                    sh.cell(4, 3).value  #客戶代碼
19   ├──├──├──├──├──lsh.cell(list_row, 4).value =
                    sh.cell(3, 2).value.strip("敬啟")
                    #客戶名稱
```

```
20 ├──→├──→├──→├──→├──→lsh.cell(list_row, 5).value =
                       sh.cell(7, 8).value  #負責人代碼
21 ├──→├──→├──→├──→├──→lsh.cell(list_row, 6).value =
                       sh.cell(7, 7).value  #負責人姓名
22 ├──→├──→├──→├──→├──→lsh.cell(list_row, 7).value =
                       sh.cell(dt_row, 1).value  #No
23 ├──→├──→├──→├──→├──→lsh.cell(list_row, 8).value =
                       sh.cell(dt_row, 2).value  #商品代碼
24 ├──→├──→├──→├──→├──→lsh.cell(list_row, 9).value =
                       sh.cell(dt_row, 3).value  #商品名稱
25 ├──→├──→├──→├──→├──→lsh.cell(list_row, 10).value =
                       sh.cell(dt_row, 4).value  #數量
26 ├──→├──→├──→├──→├──→lsh.cell(list_row, 11).value =
                       sh.cell(dt_row, 5).value  #單價
27 ├──→├──→├──→├──→├──→lsh.cell(list_row, 12).value =
                       sh.cell(dt_row, 4).value * \
28 ├──→├──→├──→├──→├──→├──→├──→├──→├──→├──→├──→
                       sh.cell(dt_row, 5).value  #金額
29 ├──→├──→├──→├──→├──→lsh.cell(list_row, 13).value =
                       sh.cell(dt_row, 7).value  #備註
30 ├──→├──→├──→├──→├──→list_row += 1
31
32 lwb.save("..\data\salesList.xlsx")
```

程式碼 4-1　根據業績傳票製作業績一覽表的 **sales_slip2xlsx.py**

第 3 章說明過，最後的第 32 行以 lwb.save("..\data\salesList.xlsx") 將工作表的業績明細儲存為 Excel 檔案。

在第 3 章時，是儲存為 csv 檔案，以便虛構的網路銷售管理系統使用，也因為客戶名稱與負責人名稱已預先存在網路銷售管理系統，所以製作業績一覽表時，只讀取客戶代碼與負責人代碼。

但本章製作的統計表是要給「人類」看的，千岳必須把做好的檔案拿給富井課長看，而富井課長也會拿給另外的人看，所以為了讓業績一覽表的內容更容易閱讀，才在第 19 行與第 21 行轉存客戶名稱與負責人姓名。

第 19 行的程式還多了一道小機關。業績傳票裡的客戶名稱後面有一段空白字元與「敬啟」的內容，所以利用可去除指定文字的 strip 方法刪除多餘的文字。

製作這個格式的業績一覽表都算是統計資料之前的準備。

鍵與值成對的資料格式就是字典

接下來要根據 sales_slip2xlsx.py 製作的業績一覽表，統計各負責人與客戶的資料。

這次要利用字典格式的資料，統計每位負責人與客戶的資料，因此要先簡單地說明 Python 的字典是怎麼回事。

在其他程式語言裡，Python 的字典常被稱為關聯式陣列、雜湊表或鍵值對，但其實都是以鍵與值成對的方式記錄資料的格式，常用於記錄負責人代碼與負責人姓名這種成對的資料。

```
>>> persons = {1001:"松原",1002:"小原",1003:"前原",2001:"富井"}
>>> persons[2001]
'富井'
>>>
```

圖 4-2　負責人代碼與負責人姓名的成對資料

上圖 4-2 是代入變數 persons 的值為字典格式的範例，負責人代碼與負責人姓名將成對存。字典的所有資料需要以大括號 { } 括住，接著以雙引號括住值，以「鍵：值」的格式宣告字典裡的每個元素，每個元素之間則以逗號（,）間隔。

之後就能以 persons[2001] 的語法，透過鍵取得元素的值（此時取得的值為「富井」）。字典為可變值組，所以能改變元素的內容。就性質而言，字典不允許鍵重複，若以相同的鍵新增不同的值，原本該鍵的值就會被覆寫。

利用 Python，統計業績一覽表的各負責人、客戶資料

了解字典的使用方式之後，再來了解製作負責人與客戶統計表的程式 aggregate_sales.py。

```
1    import openpyxl
2
3    def print_header():
4    ├──→osh["A1"].value = "負責人"
5    ├──→osh["B1"].value = "數量"
6    ├──→osh["C1"].value = "金額"
```

```
7  ├──→osh["D1"].value = "客戶"
8  ├──→osh["E1"].value = "數量"
9  ├──→osh["F1"].value = "金額"
10
11
12 wb = openpyxl.load_workbook("..\data\salesList.xlsx")
13 sh = wb.active
14 sales_data = {}
15 for row in range(1, sh.max_row + 1):
16 ├──→person = sh["E" + str(row)].value
17 ├──→customer = sh["C" + str(row)].value
18 ├──→quantity = sh["J" + str(row)].value
19 ├──→amount = sh["L" + str(row)].value
20 ├──→sales_data.setdefault(person, {"name": sh["F" +
       str(row)].value , "quantity": 0, "amount":0})
21 ├──→sales_data[person].setdefault(customer, {"name":
       sh["D" + str(row)].value , "quantity": 0, "amount":0})
22 ├──→sales_data[person][customer]["quantity"] +=
       int(quantity)
23 ├──→sales_data[person][customer]["amount"] +=
       int(amount)
24 ├──→sales_data[person]["quantity"] += int(quantity)
25 ├──→sales_data[person]["amount"] += int(amount)
26
27
28 owb = openpyxl.Workbook()
29 osh = owb.active
30 print_header()
```

```
31  row = 2
32  for person_data in sales_data.values():
33  ├──── osh["A" + str(row)].value = person_data["name"]
34  ├──── osh["B" + str(row)].value = person_data["quantity"]
35  ├──── osh["C" + str(row)].value = person_data["amount"]
36  ├──── for customer_data in person_data.values():
37  ├────├──── if isinstance(customer_data,dict):
38  ├────├────├──── for item in customer_data.values():
39  ├────├────├────├──── osh["D" + str(row)].value =
                           customer_data["name"]
40  ├────├────├────├──── osh["E" + str(row)].value =
                           customer_data["quantity"]
41  ├────├────├────├──── osh["F" + str(row)].value =
                           customer_data["amount"]
42  ├────├────├──── row +=1
43
44  osh["F" + str(row)].value = "=SUM(F2:F" + str(row-1) + ")"
45  osh["E" + str(row)].value = "合計"
46
47
48  owb.save("..\data\sales_aggregate.xlsx")
```

程式碼 4-2　統計各負責人、客戶資料的 aggregate_sales.py

　　aggregate_sales.py 會以負責人代碼與客戶代碼統計 data 資料夾 salesList.xlsx（業績一覽表）的資料，再於 data 資料夾將統計結果儲存為 sales_aggregate.xlsx（見圖 4-3）。先看看執行結果，應該較容易了解程式碼的內容。在程式碼資料夾的父資料夾新增 data 資料夾，再將 salesList.xlsx 複製到新增的資料夾，然後執行程式*。

	A	B	C	D	E	F	G	H	I	J	K
1	負責人	數量	金額	客戶	數量	金額					
2	松川	135	292000	赤坂商事	55	140800					
3				大型控股公司	80	151200					
4	富井	820	1755000	Light Off 御	600	1260000					
5				OSAKA BASI	220	495000					
6					合計	2047000					
7											
8											
9											

圖 4-3　執行程式碼 4-2 新增的 sales_aggregate.xlsx

從上而下，依序解讀程式碼 4-2。

第 1 行先匯入 openpyxl，接著利用第 3 行的 def 陳述式定義 print_header 函數。print_header 函數會於輸出檔案的各欄第 1 列加上標題（見圖 4-4）。

	A	B	C	D	E	F	G	H
1	負責人	數量	金額	客戶	數量	金額		
2								
3								
4								
5								
6								
7								

圖 4-4　執行 print_header 函數之後的示意圖
（其實不會新增這個狀態的檔案。以下皆同）

---

*　執行第 4 章資料夾底下的 sales_slip2xlsx.py（python_prg 資料夾），就能於 data 資料夾新增 salesList.xlsx。

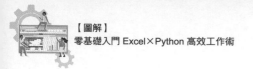

　　雖然不一定得宣告 print_header 函數，但之後會出現很多將字串代入儲存格的程式碼，所以寫成函數會比較有效率。要請大家注意的，是這裡指定儲存格的方法。

　　之前都是以下面這種在參數的位置，用數值指定列與欄的方法指定，而 row 與 col 都是數值，所以就是以（3,5）這種方式指定儲存格的位置。

```
工作表物件.cell(row,col).values = "HOGE"
```

　　不過，這次的程式碼卻是以下面這種 A1、B2 的 Excel 儲存格指定格式指定。請大家務必注意兩者的差異。

```
osh["A1"].values = "負責人"
```

　　從第 12 行開始統計資料。第 12 行的

```
wb = openpyxl.load_workbook("..\data\salesList.xlsx")
```

會開啟與程式資料夾同階層的 data 資料夾的 salesList.xlsx（業績一覽表）。由於這個檔案只有一張工作表，所以利用下一行的程式啟用該工作表。

　　第 14 行的

```
sales_data = {}
```

則是在 sales_data 建立空白的字典，之後要於這個字典新增統計的資料。

這個新增資料的處理會於第 15 ～ 25 行的 for 迴圈執行。第 15 行的 for in 是以 range 函數決定重複處理的範圍，所以在 range 函數指定起始值與終止值，也就是 1 與 sh.max_row +1。max_row 屬性會傳回資料的最後一列是第幾列。

之前提過，range 函數會不斷重複，直到倒數第二個終止值，所以若直接將 max_row 屬性的值指定給終止值，迴圈會在最後一列的前一列停止，無法將最後一列的資料納入統計，所以才在 range 函數的終止值指定加 1 的 max_row 屬性。

見圖 4-5，再重新瀏覽一次業績一覽表（salesList.xlsx）。

圖 4-5　業績一覽表的 salesList.xlsx（重新瀏覽）

程式碼 4-2 的第 16 ～ 19 行是讀取業績一覽表的值的處理。由於 salesList.xlsx 的 E 欄儲存了負責人代碼，所以將該代碼代入變數 person。這部分的處理由第 16 行的程式碼負責。

接著，從第 17 行程式碼開始，會將 C 欄的客戶代碼代入

customer，再將數量代入 quantity，並將金額代入 amount。

第 20 行使用了字典的 setdefault 方法，這也是這次統計處理最重要的部分。

```
⊢→ sales_data.setdefault(person, {"name": sh["F" +
   str(row)].value , "quantity": 0, "amount":0})
```

setdefault 方法會根據作為鍵使用的負責人代碼，以及作為值儲存的 name、quantity、amount 的這三個元素，建立字典。這就是字典資料的值或字典資料的結構，而字典就是這種巢狀結構。

簡單來說，就是將業績統計表的資料分成大分類的負責人，以及小分類的客戶。如果你的業務資料最常出現這種結構，就可依照分類將巢狀結構分成三層或四層，只是要注意，資料結構與處理每層資料的程式碼都會因此變得複雜。

看看內側的字典內容。

name 的值是

```
sh["F" + str(row)].value
```

由於是讀取 F 欄的資料，所以會傳回負責人姓名。quantity、amount 在此時為初始值的「0」，之後會陸續加入負責人層級的值。

讀取業績一覽表的第 1 列，執行第一次的 setdefault 方法之後，sales_data 為

```
{1001:{'name':'松川','quantity':0,'amount':0}}
```

setdefault 方法的方便之處，在於指定的鍵若不存在，就新增鍵，若是存在，就不執行下一步，所以每讀取業績一覽表的一列資料，就執行一次 setdefault()，也不會有問題。這可說是最適合新增鍵的方法了。

下一行（第 21 行）的程式碼是

```
sales_data[person].setdefault(customer, {"name": sh["D" +
str(row)].value , "quantity": 0, "amount":0})
```

假設以 person（負責人）為鍵的字典沒有 customer（客戶代碼），就新增 customer 鍵，之後再追加客戶姓名（name）、客戶層級的數量（quantity）、金額（amount）的初始值「0」，這也是與 customer 鍵對應的值。

當程式碼執行到這個地步，sales_data 的內容會是

```
{1001:{'name':'松川','quantity':0,'amount':0,1:{'name':'赤坂
商事','quantity':0,'amount':0}}}
```

換言之，負責人的字典儲存了客戶的字典。

之後，就於第 22 行程式執行統計。

```
sales_data[person][customer]["quantity"] += int(quantity)
sales_data[person][customer]["amount"] += int(amount)
sales_data[person]["quantity"] += int(quantity)
sales_data[person]["amount"] += int(amount)
```

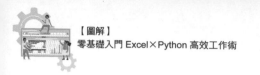

從第 22 ～ 25 行都是要處理的業績一覽表的列，各行程式分別對應下列的內容：

第 22 行程式碼：該列的負責人業績數量，與該列的客戶的業績數量

第 23 行程式碼：該列的負責人業績金額，與該列的客戶的業績金額

第 24 行程式碼：該列的負責人的業績數量

第 25 行程式碼：該列的負責人的業績金額

針對業績一覽表的第 1 列資料執行到目前為止的處理，sales_data 字典的內容會是

```
{1001:{'name':'松川','quantity':30,'amount':
76800,1:{'name':'赤坂商事','quantity':30,'amount':76800}}}
```

對業績一覽表的第 2 列資料進行相同處理後，sales_data 字典的內容會是

```
{1001:{'name':'松川','quantity':45,'amount':
115200,1:{'name':'赤坂商事','quantity':45,'amount':115200}}}
```

之後，針對業績一覽表的每一列執行相同的處理，此時若巢狀結構的字典沒有客戶代碼的鍵就新增，若是外側的字典沒有負責人代碼的鍵也新增，然後統計各列的值。+= 這個複合指定運算子的功能在於統計資料。

處理完業績一覽表（salesList.xlsx）所有資料後，sales_data 字

典的內容如下。

{1001:{'name':'松川','quantity':135,'amount':292000,1:
{'name':'赤坂商事','quantity':55,
'amount':140800},2:{'name':'大型控股公司',
'quantity':80,'amount':151200}},2001:{'name':
'富井','quantity':820,'amount':175500,5:{'name':
'Light Off','quantity':600,'amount':1260000},4:{'name':
'OSAKA BASE','quantity':220,'amount':495000}}}

接著，要將這個字典儲存為新的 Excel 工作表。請將注意力放在第 28 ～ 30 行的程式碼。

```
28    owb = openpyxl.Workbook()
29    osh = owb.active
30    print_header()
```

第 28 行的 openpyxl.Workbook() 會開啟新的活頁簿，下一行的 owb.active 會選擇開啟的工作表。由於新活頁簿會自動新增一張工作表，所以只需要寫 owb.active，就能自動選取該工作表。

第 30 行的 print_header() 則會在這張工作表的第 1 列輸入項器名稱，接著以第 2 列為起點，輸入 sales_data 字典的各負責人與客戶的數量和金額。這部分的處理會由第 31 ～ 42 行的程式碼進行。

第 32 行的

```
for person_data in sales_data.values():
```

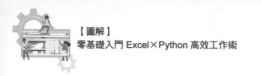

會從 sales_data 取得以負責人代碼為鍵的值,這個值就是巢狀結構下一層的字典,也就是負責人的字典,其內容如下。

```
{'name':'松川','quantity':135,'amount':292000,
1:{'name':'赤坂商事','quantity':55,'amount':
140800},2:{'name':'大型控股公司','quantity':
80,'amount':151200}}
```

換言之,這就是變數 person_data 的內容。將其中的 name(松川)輸入工作表的 A 欄、將 quantity(135)輸入 B 欄,以及將 amount(292000)輸入 C 欄的,是第 33 ~ 35 行的程式碼。

```
33  ├──→osh["A" + str(row)].value = person_data["name"]
34  ├──→osh["B" + str(row)].value = person_data["quantity"]
35  ├──→osh["C" + str(row)].value = person_data["amount"]
```

接著,從 person_data 取出客戶的字典,再代入變數 customer_data。在此要注意的是,會依序從 person_data 取得的內容不只是字典這點。看看第 36 行的程式碼從 person_data 取得的 customer_data 的內容。

```
├──→for customer_data in person_data.values():
```

該內容可利用 print 函數確認。

```
松川
135
292000
{'name': '赤坂商事', 'quantity': 55, 'amount': 140800}
{'name': '大型控股公司', 'quantity': 80, 'amount': 151200}
富井
820
1755000
{'name': 'Light Off', 'quantity': 600, 'amount': 1260000}
{'name': 'OSAKA BASE', 'quantity': 220, 'amount': 495000}
```

既然是依序取出 person_data 的值，除了取得客戶的字典，當然也會取得負責人姓名，以及每位負責人的數量與金額。

所以在此時執行 isinstance 函數

```
isinstance(customer_data,dict)
```

在 customer_data 為 dict（字典）的實體時，傳回 True，也就是只在這時候在 D 欄輸入 name（客戶名稱）、在 E 欄輸入 quantity（客戶層級的數量）、在 F 欄位輸入 amount（客戶層級的金額）。若是負責人姓名這類非字典的實體，即可不用輸入資料。負責設定這個條件和執行相關處理內容的是程式碼的第 37 ～ 41 行。

```
37          if isinstance(customer_data,dict):
38              for item in customer_data.values():
```

```
39  ├──→├──→├──→├──→ osh["D" + str(row)].value = customer_
                        data["name"]
40  ├──→├──→├──→├──→ osh["E" + str(row)].value = customer_
                        data["quantity"]
41  ├──→├──→├──→├──→ osh["F" + str(row)].value = customer_
                        data["amount"]
42  ├──→├──→├──→ row +=1
```

　　將 person_data 的資料轉存至工作表後，利用第 44 行的 "=SUM
(F2:F" + str(row-1) + ")" 在 F 欄的最後一列輸入 SUM 函數的公式，
藉此加總 F 欄的值。

```
osh["F" + str(row)].value = "=SUM(F2:F" + str(row-1) + ")"
```

　　只要仿照上述程式碼，就能從程式使用 Excel 的函數。這樣統
計負責人與客戶數量、金額的程式就完成了。只要執行，就能製作
有大分類（負責人）、小分類（客戶）的統計資料表格（見圖 4-6）。

	A	B	C	D	E	F	G	H
1	負責人	數量	金額	客戶	數量	金額		
2	松川	135	292000	赤坂商事	55	140800		
3				大型控股公司	80	151200		
4	富井	820	1755000	Light Off	600	1260000		
5				OSAKA BASE	220	495000		
6				合計		2047000		
7								

圖 4-6　以 aggregate_sales.py 製作的 sales_aggregate.xlsx（重新瀏覽）

依照不同欄位進行交叉分析

接著要介紹第三個程式「aggregate_orders.py」。這是依照商品分類與尺寸大小，針對訂單一覽表進行交叉分析的程式。所謂的交叉分析會讓直軸與橫軸相乘再進行統計，而資料來源為訂單一覽表。

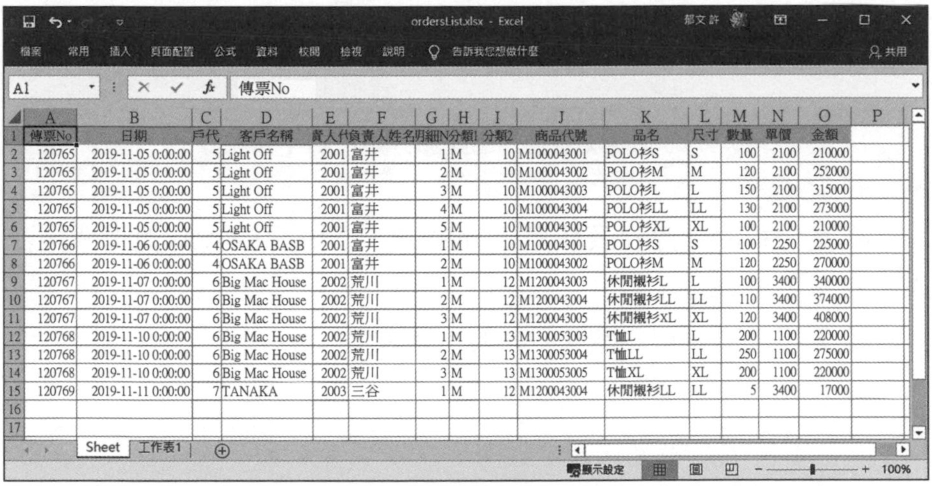

傳票No	日期	戶代	客戶名稱	責人代	負責人姓名	明細N	分類1	分類2	商品代號	品名	尺寸	數量	單價	金額
120765	2019-11-05 0:00:00	5	Light Off	2001	富井	1	M	10	M1000043001	POLO衫S	S	100	2100	210000
120765	2019-11-05 0:00:00	5	Light Off	2001	富井	2	M	10	M1000043002	POLO衫M	M	120	2100	252000
120765	2019-11-05 0:00:00	5	Light Off	2001	富井	3	M	10	M1000043003	POLO衫L	L	150	2100	315000
120765	2019-11-05 0:00:00	5	Light Off	2001	富井	4	M	10	M1000043004	POLO衫LL	LL	130	2100	273000
120765	2019-11-05 0:00:00	5	Light Off	2001	富井	5	M	10	M1000043005	POLO衫XL	XL	100	2100	210000
120766	2019-11-06 0:00:00	4	OSAKA BASB	2001	富井	1	M	10	M1000043001	POLO衫S	S	100	2250	225000
120766	2019-11-06 0:00:00	4	OSAKA BASB	2001	富井	2	M	10	M1000043002	POLO衫M	M	120	2250	270000
120767	2019-11-07 0:00:00	6	Big Mac House	2002	荒川	1	M	12	M1200043003	休閒襯衫L	L	100	3400	340000
120767	2019-11-07 0:00:00	6	Big Mac House	2002	荒川	2	M	12	M1200043004	休閒襯衫LL	LL	110	3400	374000
120767	2019-11-07 0:00:00	6	Big Mac House	2002	荒川	3	M	12	M1200043005	休閒襯衫xL	XL	120	3400	408000
120768	2019-11-10 0:00:00	6	Big Mac House	2002	荒川	1	M	13	M1300053003	T恤L	L	200	1100	220000
120768	2019-11-10 0:00:00	6	Big Mac House	2002	荒川	2	M	13	M1300053004	T恤LL	LL	250	1100	275000
120768	2019-11-10 0:00:00	6	Big Mac House	2002	荒川	3	M	13	M1300053005	T恤XL	XL	200	1100	220000
120769	2019-11-11 0:00:00	7	TANAKA	2003	三谷	1	M	12	M1200043004	休閒襯衫LL	LL	5	3400	17000

圖 4-7　**訂單一覽表的 ordersList.xlsx**

西瑪服飾的業務部分成好幾個課，而富井課長領軍的業務 2 課專門銷售紳士服飾，所以業務 2 課的訂單一覽表的分類 1 只有 M（Men）（見圖 4-7）。就程式而言，這部分不需要特別分類。分類 2 的 10 號是上衣分類，例如 POLO 衫，數據資料也已經先篩選出上衣的部分，但其實上衣還有很多種類，例如 Men 的尺寸有 S、M、L、LL、XL。之後將以分類 2 與尺寸進行數量的交叉分析。10 號的分類 2 共有 8 個代碼（見下頁表 4-1）。

代碼	分類名稱
10	POLO 衫
11	禮服襯衫
12	休閒襯衫
13	T 恤
15	開襟羊毛衫
16	毛衣
17	吸汗上衣
18	連帽 T

表 4-1　業務 2 課使用的商品分類代碼（10 號）

　　交叉分析的重點在於使用二維串列。二維串列在其他程式語法有時稱為二維陣列。

　　接著讓我們先粗略瀏覽一下程式的概要。

```
1   import openpyxl
2
3   categorys = ((0,""),(10,"POLO衫"), (11,"禮服襯衫"), (12,"
    休閒襯衫"), \
4   ├──→├──→├──→ (13,"T恤"), (15,"開襟羊毛衫"),(16,"毛衣"),
            (17,"吸汗上衣"), \
5   ├──→├──→├──→ (18,"連帽T"))
6   sizes = ("代碼","分類名稱","S","M","L","LL","XL")
7
8   order_amount= [[0]*len(sizes) for i in
    range(len(categorys))]
9   for j in range(len(sizes)):
```

```
10  ├──→order_amount[0][j] = sizes[j]
11
12  for i in range(1,len(categorys)):
13  ├──→order_amount[i][0] = categorys[i][0]
14  ├──→order_amount[i][1] = categorys[i][1]
15
16  wb = openpyxl.load_workbook("..\data\ordersList.xlsx")
17  sh = wb.active
18  for row in range(2, sh.max_row + 1):
19  ├──→category = sh["I" + str(row)].value
20  ├──→size = sh["L" + str(row)].value
21  ├──→amount = sh["M" + str(row)].value
22  ├──→for i in range(1,len(categorys)):
23  ├──→├──→if category == order_amount[i][0]:
24  ├──→├──→├──→for j in range(2,len(sizes)):
25  ├──→├──→├──→├──→if size == order_amount[0][j]:
26  ├──→├──→├──→├──→├──→order_amount[i][j] += amount
27
28
29  owb = openpyxl.Workbook()
30  osh = owb.active
31  row = 1
32  for order_row in order_amount:
33  ├──→col = 1
34  ├──→size_sum = 0
35  ├──→for order_col in order_row:
36  ├──→├──→osh.cell(row, col).value = order_col
37  ├──→├──→if row > 1 and col > 2:
```

```
38  |→  |→  |→ size_sum += order_col
39  |→  |→ col += 1
40  |→ if row == 1:
41  |→  |→ osh.cell(row, col).value = "合計"
42  |→ else:
43  |→  |→ osh.cell(row, col).value = size_sum
44  |→ row += 1
45
46  owb.save("..\data\orders_aggregate.xlsx")
```

程式碼 4-3　aggregate_orders.py

　　只要將 ordersList.xlsx 放在 data 資料夾，這個程式就能執行[*]。
執行結果如圖 4-8。

	A	B	C	D	E	F	G	H	I
1	代碼	分類名稱	S	M	L	LL	XL	合計	
2	10	POLO衫	200	240	150	130	100	820	
3	11	禮服襯衫	0	0	0	0	0	0	
4	12	休閒襯衫	0	0	100	115	120	335	
5	13	T恤	0	0	200	250	200	650	
6	15	開襟羊毛衫	0	0	0	0	0	0	
7	16	毛衣	0	0	0	0	0	0	
8	17	吸汗上衣	0	0	0	0	0	0	
9	18	連帽T	0	0	0	0	0	0	
10									
11									

圖 4-8　利用 aggregate_orders.py 製作的訂單統計表
orders_aggregate.xlsx

---

[*]　orderList.xlsx 已於範例程式收錄。

接著，依序解讀程式碼 4-3。第 3 行的程式碼以值組的方式將變數 categorys 宣告為分類 2。一如前述，值組這種資料結構與串列很像，兩者的差異在於值組是以括號 ( ) 括住，而且串列是可變值組，換言之，這裡的值組無法再變更值，所以不能用於統計。

這部分的程式將分類 2 的代碼與名稱設定為一個值組，而為了呈現 10 號的所有分類，特別建立成值組的值組，也就是二維值組。(0,"") 是調整表格的列所需的臨時資料，主要是為了在新增的統計表的第 1 列輸入各項目的標題。

第 6 行的 sizes 則是一維值組。將代碼與分類名稱這類字串放入值組的理由，是希望將這個值組當交叉分析表的表頭標題使用。

第 8 行程式碼

```
order_amount= [[0]*len(sizes) for i in
range(len(categorys))]
```

則是以第 3 章說明過的串列推導式，初始化串列。拆解這部分的敘述後，可知道是依照 sizes 的元素數量，以

```
[0]*len(sizes)
```

建立元素為「0」的一維串列後，依照 categorys 的數量，以

```
for i in range(len(categorys))
```

建立一維串列。換言之，會建立擁有 9 個下述串列的二維串列。

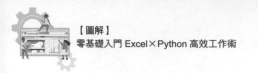

```
[0,0,0,0,0,0,0]
```

若以 Excel 呈現上述的串列，就是圖 4-9 的結果。

	A	B	C	D	E	F	G
1	0	0	0	0	0	0	0
2	0	0	0	0	0	0	0
3	0	0	0	0	0	0	0
4	0	0	0	0	0	0	0
5	0	0	0	0	0	0	0
6	0	0	0	0	0	0	0
7	0	0	0	0	0	0	0
8	0	0	0	0	0	0	0
9	0	0	0	0	0	0	0
10							

圖 4-9　以第 8 行程式碼建立的資料的示意圖

換言之，二維陣列的內容與圖 4-9 一致。以第 9 行的

```
for j in range(len(sizes)):
```

迴圈，將值組裡的尺寸資料輸入 order_amount 的第 1 列。for j 的 j 就是代表目前是第幾個儲存格與值組的索引值。

執行到這部分的程式之後，剛剛的表格就會變成下頁圖 4-10 的內容。

	A	B	C	D	E	F	G	H
1	代碼	分類名稱	S	M	L	LL	XL	
2	0	0	0	0	0	0	0	
3	0	0	0	0	0	0	0	
4	0	0	0	0	0	0	0	
5	0	0	0	0	0	0	0	
6	0	0	0	0	0	0	0	
7	0	0	0	0	0	0	0	
8	0	0	0	0	0	0	0	
9	0	0	0	0	0	0	0	
10								

圖 4-10　第 10 行程式碼執行結果的示意圖

接著，以第 12 行開始的迴圈編輯分類代碼與分類名稱。

```
12  for i in range(1,len(categorys)):
13  ├── order_amount[i][0] = categorys[i][0]
14  ├── order_amount[i][1] = categorys[i][1]
```

range 函數的啟始值之所以設定為 1，是為了跳過 categorys 值組的第一個元素 (0,"")，雙方的數量才會一致。categorys[i][0] 代表的是分類代碼，categorys[i][1] 則代表分類名稱。若程式碼執行到這裡，可得到下頁圖 4-11 的資料。

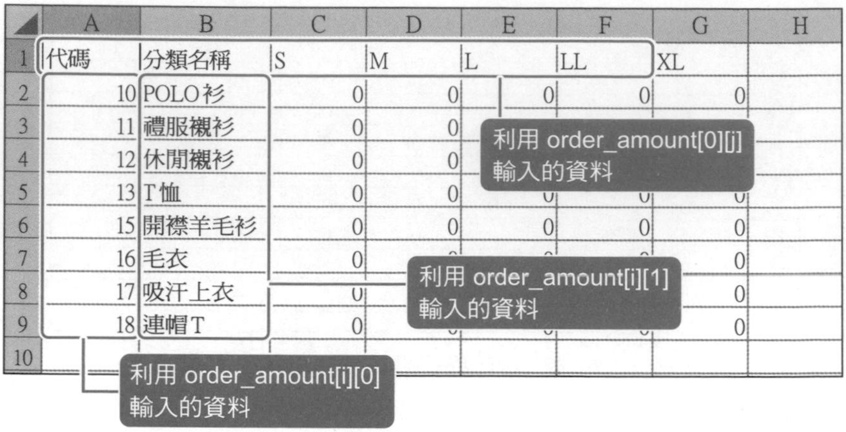

圖 4-11　第 14 行程式碼執行結果的示意圖

到此，資料統計的前置作業就完成了。

接著，要從 ordersList.xlsx 載入訂單一覽表的資料，再於串列
進行統計。請將視線轉向第 16 ～ 26 行的程式碼。

```
16   wb = openpyxl.load_workbook("..\data\ordersList.xlsx")
17   sh = wb.active
18   for row in range(2, sh.max_row + 1):
19   ├──→ category = sh["I" + str(row)].value
20   ├──→ size = sh["L" + str(row)].value
21   ├──→ amount = sh["M" + str(row)].value
22   ├──→ for i in range(1,len(categorys)):
23   ├──→├──→ if category == order_amount[i][0]:
24   ├──→├──→├──→ for j in range(2,len(sizes)):
25   ├──→├──→├──→├──→ if size == order_amount[0][j]:
26   ├──→├──→├──→├──→├──→ order_amount[i][j] += amount
```

第 18 行的 for 陳述式將 range 函數的啟始值指定為 2，因為 ordersList.xlsx 的第 1 列是項目名稱，要跳過這一列就必須將啟始值指定為 2。

第 19 ～ 21 行則是將 I 欄的分類代碼代入變數 category，再將 L 欄的尺寸代入變數 size，之後將 M 欄的數量代入變數 amount，再巡查二維串列。

從第 22 程式開始的處理，是在 for 迴圈放入 if 陳述式，以第 23 行的

```
category == order_amount[i][0])
```

判斷該列是否與分類代碼一致，若傳回 True，代表該列與分類代碼一致，此時再利用第 25 行的

```
size == order_amount[0][j])
```

判斷該欄位是否與尺寸一致，如果一致，就於對應的儲存格追加數量（第 26 行程式碼）。

從第 29 行的 openpyxl.Workbook() 之後的部分，是輸出處理。

```
29   owb = openpyxl.Workbook()
30   osh = owb.active
31   row = 1
32   for order_row in order_amount:
33   ├── col = 1
34   ├── size_sum = 0
```

第 32 行的 for order_row in order_amount: 則是從二維串列取出相當於一維串列的列。

第 35 行的 for order_col in order_row: 是從列取出欄，再直接於儲存格進行編輯。

```
35  ├──→ for order_col in order_row:
36  ├──→├──→ osh.cell(row, col).value = order_col
37  ├──→├──→ if row > 1 and col > 2:
38  ├──→├──→├──→ size_sum += order_col
39  ├──→├──→ col += 1
40  ├──→ if row == 1:
41  ├──→├──→ osh.cell(row, col).value = "合計"
42  ├──→ else:
43  ├──→├──→ osh.cell(row, col).value = size_sum
44  ├──→ row += 1
```

為了計算分類的合計值，必須在 row > 1 and col > 2 的條件成立（不是列標題與欄標題的情況），才將 order_col 的合計值指定給 size_sum（第 38 行程式碼）。這個部分會從左往右，加總每個儲存格的值，等到第 1 列的處理結束後，會在表格的右端輸入 size_sum 這個合計值（第 43 行程式碼）。如此一來，交叉分析表就完成了。

最後利用第 46 行的

```
owb.save("..\data\orders_aggregate.xlsx")
```

將統計好的資料儲存為 orders_agregate.xlsx（見圖 4-12），程式就停止執行。

	A	B	C	D	E	F	G	H	I
1	代碼	分類名稱	S	M	L	LL	XL	合計	
2	10	POLO衫	200	240	150	130	100	820	
3	11	禮服襯衫	0	0	0	0	0	0	
4	12	休閒襯衫	0	0	100	115	120	335	
5	13	T恤	0	0	200	250	200	650	
6	15	開襟羊毛衫	0	0	0	0	0	0	
7	16	毛衣	0	0	0	0	0	0	
8	17	吸汗上衣	0	0	0	0	0	0	
9	18	連帽T	0	0	0	0	0	0	
10									
11									

圖 4-12　完成的 **orders_aggregate.xlsx**

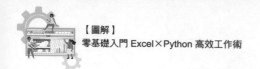

02 | 本章學習的技巧

　　本章也介紹了一些新技巧，重新溫習一下資料結構、二維串列，以及在程式碼嵌入 Excel 函數的方法。

資料結構

　　在此重新整理一次 Python 的資料結構。到目前為止，本書透過範例介紹了串列、值組與字典這幾種資料結構。

　　其中以串列與值組最為相似，但兩者最大的差異在於可變（mutable）與不可變（immutable），串列的元素是可改變的，但是值組的元素是不可改變的，兩者都是以第幾個元素決定要讀取的元素（見下頁圖 4-13）。

串列	值組
• 以方括號 [ ]（也稱中括號）括住元素	• 以小括號括住元素
• 每個元素以逗號（,）間隔 　　　data = [1,2,3,4,5]	• 每個元素以逗號間隔 　　　data =(1,2,3,4,5)
• 以索引編號存取元素 　　　data[2] 會傳回 3	• 以索引編號存取元素 　　　data[2] 會傳回 3
• 可變更元素（mutable） 　　　data[2]=30 → data 的值 　　　將會變成 [1,2,30,4,5]	• 不可改寫元素（immutable） 　　　data[2]=30 的程式會出現錯誤

圖 4-13　串列與值組的特徵

　　字典在其他程式語言稱為關聯式陣列、雜湊表或鍵值對，主要是以成對的鍵與值記錄資料，可透過鍵存取值。

　　熟悉資料結構就能進行各種統計處理，所以請趁現在釐清這些資料結構。

```
                          字典

• 以成對的鍵與值記錄資料

• 利用大括號 { } 括住元素

• 各元素以逗號（,）間隔
      persons = {1001:"松原",1002""小原",1003:"前原",2001:"富井"}

• 以鍵存取元素的值
      persons[1002] 會傳回小原這個值

• 可改寫元素（mutable）
      persons [1002] = " 大原 " → 與 1002 這個鍵對應的值將從「小原」
                                  更新為「大原」
```

圖 4-14　字典的特徵

　　一如前面的範例程式，串列、值組與字典都能寫成巢狀結構，就是在串列放入串列，在值組放入值組，打造成多維結構的意思。

```
test = [[90,92,76,86,67],[89,77,56,81,79],[67,86,71,65,57]]
```

　　將上述的二維串列畫成圖，可得到下頁圖 4-15 的結果。

166

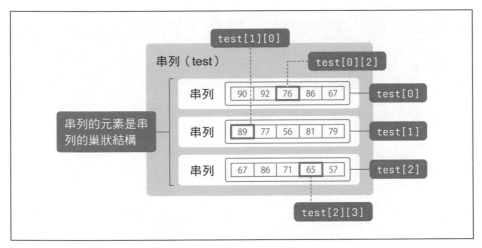

圖 4-15　存取串列的串列與元素

　　記住這種串列存取元素的方法。如對前述的串列 test 執行 print(test[0][1])，就會傳回 92，若執行 print(test[1]) 就會傳回 [89,77,56,81,79]。

初始化二維串列

　　接著要介紹一些有點難，卻不得不介紹的內容。製作交叉分析表的程式在初始化二維串列時，使用了下述串列推導式。

```
order_amount= [[0]*len(sizes) for i in
range(len(categorys))]
```

　　或許會有人覺得，為何故意寫成這麼困難的語法呢？

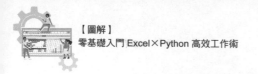
初始化一維串列時，沒什麼特別需要注意的部分。

```
sample = [0,0,0]
```

寫成上述的語法，或是寫成

```
sample = [0] * 3
```

或是寫成

```
sample = [0 for i in range(3)]
```

上述這種串列推導式，都能建立元素相同的串列，但是當初始化的串列為二維結構，就有一些需要注意的部分。

在初始化這種串列時，可以寫成

```
sample = [[0,0,0], [0,0,0], [0,0,0]]
```

這種從一開始就設定所有元素初始值的內容，但是若寫成

```
sample = [[0] *3]*3
```

就會出現問題。

```
>>> sample =[[0] * 3] * 3
>>> print(sample)
[[0, 0, 0], [0, 0, 0], [0, 0, 0]]
>>> sample[0][1]=1
>>> print(sample)
[[0, 1, 0], [0, 1, 0], [0, 1, 0]]
>>>
```

圖 4-16　參照相同串列再初始化的範例

乍看之下，所有元素初始值都被設定為 0，但利用 sample[0][1]=1 將 0 號串列的 1 號元素設定為 1，1 號串列與 2 號串列都會變成 [0,1,0]（見圖 4-16）。

這是因為以

```
[[0]*3]*3
```

建立串列的串列時，並不是實際建立三個 [0,0,0]，而是先建立第一個 [0,0,0] 的串列，再以參照的方式初始化，建立後續的兩個串列。

或許大家覺得「參照」是個難懂的術語，但其實就是在程式執行時，去觀察某塊相同的記憶體，所以 sample[0][1]=1 的程式會讓 [1][1] 與 [2][1] 都變成 1。

要初始化二維串列，就必須寫成

```
order_amount= [[0]*len(sizes) for i in
range(len(categorys))]
```

169

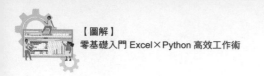
上述這種串列推導式,才能讓串列分別在不同的記憶區塊儲存,避免彼此參照同一塊記憶體。

順帶一提,像是 sample = [[0 for i in range(3)] for i in range(3)] 這種看起來有點麻煩的串列推導式,也可以用一維串列。

在程式嵌入 Excel 函數

程式碼 4-2 為了計算業績金額的總和,在第 44 行以下列的程式碼

```
osh["F" + str(row)].value = "=SUM(F2:F" + str(row-1) + ")"
```

將 Excel 的 SUM 函數代入儲存格。Python 的確可以像這樣使用 Excel 內建的各種函數,但是有時候以程式碼 4-3 的變數 size_sum 這種計算每個分類總和的方式,也就是直接在 Python 程式計算,會比較快。

這兩種方法的差異在於,這類計算是在 Excel 檔案開始之後執行,還是在執行 Python 程式時執行,至於哪邊較為有利,得看情況決定,主要還是看之後打算如何使用 Python 程式的執行結果。

日後 Excel 的統計表若還會修改,嵌入 Excel 函數的方法比較適合重新計算,但如果只需要直接使用程式的執行結果,全部交由 Python 計算,程式會比較容易維護。

. . . .

麻美：千岳，謝謝你用郵件寄給我 python 的統計程式。一下
　　　子就能做好統計表，真的是幫大忙了！

千岳：這樣太好了，不愧我花那麼多時間做。

麻美：若是每個月例行公事的統計，這個程式的確很好用，可
　　　是有時候也得調整統計的條件，這是不是富井課長一時
　　　興起的要求啊！

千岳：要真是一時興起的話，那還真是糟糕。在資料分析時調
　　　整列與欄的項目是常見的需求，麻美都怎麼統計這些資
　　　料呢？

麻美：Excel 不是有樞紐分析表嗎？我都是用這個功能分析，
　　　例如將客戶或是負責人擺在列的位置，再將月分、商品
　　　的分類或尺寸放在欄位的位置，但這些操作很麻煩，一
　　　直修改設定，自己都不知道改到哪。Python 也有功能可
　　　以取代這部分嗎？

千岳：妳還真是什麼都嫌麻煩。有啊，就是 Pandas。

麻美：熊貓嗎？那是什麼，聽起來好像很可愛。

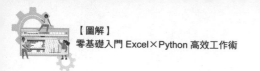
> 千岳：是啦，聽起來很像是熊貓的英文，但這種 Pandas 函式
> 　　　庫能提供樞紐分析表的功能。要不要看看是怎麼使用？

‧‧‧

　　說到用 Excel 彙總資料，就會想到非常好用的樞紐分析表，許多人也很愛用。在此為不太了解樞紐分析表是什麼的讀者說明。

　　樞紐分析表是一種將資料的特定項目放在列與欄，再彙總項目值的功能。只要先做好樞紐分析表，之後就能快速調整放在列與欄的資料庫項目，以及變更彙總方法，可說是一種從各種角度分析資料的超強功能。

　　雖然這裡提到了資料庫，但使用 Excel 分析時，不用想得太複雜，只要 orderList.xlsx 這種開頭的列為欄位名稱，資料又依照二維的規律排列，Excel 就會將這些資料視為資料庫（如圖 4-17）。

圖 4-17　Excel 的資料庫範例（orderList.xlsx）

　　要在 Excel 建立樞紐分析表，可點選「插入」頁籤的「樞紐分析表」按鈕，開啟「建立樞紐分析表」對話框（見圖 4-18）。

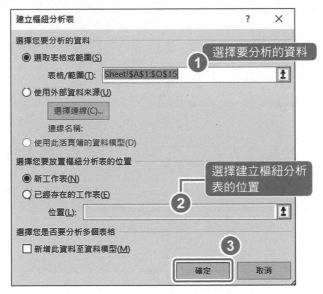

圖 4-18　「建立樞紐分析表」對話框

　　一開始先選擇要分析的資料，此時可選擇的是表格名稱或儲存格範圍，這部分相當於選擇資料庫。插入樞紐分析表之前，若是已經啟用要分析的表格或儲存格範圍，基本上會連同欄位名稱一併選取。表格是資料庫用語，而大部分的資料庫都由多個表格組成。

　　以目前這個範例來看，帶有欄位名稱（項目名稱）的訂單一覽表就是資料庫，同時也是表格。也可以選擇配置樞紐分析表的位置，但這次直接放在新的工作表，繼續後續的步驟。

　　最後是按下「確定」，建立空白的樞紐分析表。之後只要將原始資料的欄位放進列或欄的位置，就能進行各式各樣的分析。

圖 4-19　樞紐分析表的範例

　　圖 4-19 這個範例為了方便說明，將品名放在「列」的位置，並將客戶名稱放在「欄」的位置，最後將金額放在「值」的位置加總。勾選列、欄、值，或將欄位拖曳到其他位置，都能得到不同結果，而且「值」的位置除了能加總，還能計算平均值、最大值、標準差，所以不管資料多麼龐大，都能快速完成複雜的操作。由此可知，樞紐分析表的確是優異的 Excel 功能之一。

　　在 Python 使用 pandas 函式庫，也能完成一樣的分析，所以要仿照安裝 openpyxl 的方法，在 Visual Studio Code 的終端機輸入下列的指令，就能安裝 pandas（見下頁圖 4-20）。

```
pip install pandas
```

圖 4-20　在終端機輸入指令來安裝 **pandas**

　　pandas 會將 CSV 檔案匯入 DataFrame（資料框架），所以可在 Excel 輸出 ordersList.xlsx 的 CSV 檔案。

```
傳票No,日期,客戶代碼,客戶名稱,負責人代號,負責人姓名,明細No,分類1,分類2,商品代號,品名,尺寸,數量,單價,金額
120765,2019-11-05 0:00:00,5,Light Off,2001,富井,1,M,10,M1000043001,POLO衫S,S,100,2100,210000
120765,2019-11-05 0:00:00,5,Light Off,2001,富井,2,M,10,M1000043002,POLO衫M,M,120,2100,252000
120765,2019-11-05 0:00:00,5,Light Off,2001,富井,3,M,10,M1000043003,POLO衫L,L,150,2100,315000
120765,2019-11-05 0:00:00,5,Light Off,2001,富井,4,M,10,M1000043004,POLO衫LL,LL,130,2100,273000
120765,2019-11-05 0:00:00,5,Light Off,2001,富井,5,M,10,M1000043005,POLO衫XL,XL,100,2100,210000
120766,2019-11-06 0:00:00,4,OSAKA BASE,2001,富井,1,M,10,M1000043001,POLO衫S,S,100,2250,225000
120766,2019-11-06 0:00:00,4,OSAKA BASE,2001,富井,2,M,10,M1000043002,POLO衫M,M,120,2250,270000
120767,2019-11-07 0:00:00,6,Big Mac House,2002,荒川,1,M,12,M1200043003,休閒襯衫L,L,100,3400,340000
120767,2019-11-07 0:00:00,6,Big Mac House,2002,荒川,2,M,12,M1200043004,休閒襯衫LL,LL,110,3400,374000
120767,2019-11-07 0:00:00,6,Big Mac House,2002,荒川,3,M,12,M1200043005,休閒襯衫XL,XL,120,3400,408000
120768,2019-11-10 0:00:00,6,Big Mac House,2002,荒川,1,M,13,M1300053003,T恤L,L,200,1100,220000
120768,2019-11-10 0:00:00,6,Big Mac House,2002,荒川,2,M,13,M1300053004,T恤LL,LL,250,1100,275000
120768,2019-11-10 0:00:00,6,Big Mac House,2002,荒川,3,M,13,M1300053005,T恤XL,XL,200,1100,220000
120769,2019-11-11 0:00:00,7,TANAKA,2003,三谷,1,M,12,M1200043004,休閒襯衫LL,LL,5,3400,17000
```

圖 4-21　從 **ordersList.xlsx** 輸出的 **CSV** 檔案

　　之後會輸出如圖 4-21 這種帶有欄位名稱的 CSV 檔案。之後利用這個 CSV 檔案進行與樞紐分析表同等級的分析。

　　首先，要看的是會得到下頁圖 4-22 這種執行結果。

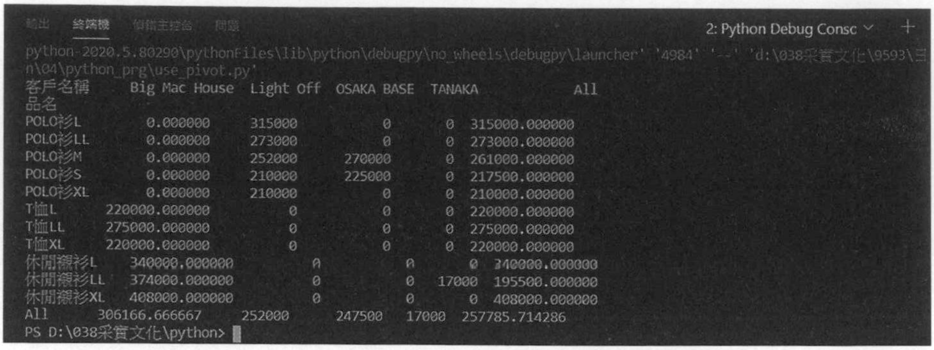

```
輸出  終端機  偵錯主控台  問題                    2: Python Debug Consc
python-2020.5.80290\pythonFiles\lib\python\debugpy\no_wheels\debugpy\launcher' '4984' '--' 'd:\038采實文化\9593\目
n\04\python_prg\use_pivot.py'
客戶名稱      Big Mac House  Light Off  OSAKA BASE  TANAKA            All
品名
POLO衫L          0.000000     315000          0       0  315000.000000
POLO衫LL         0.000000     273000          0       0  273000.000000
POLO衫M          0.000000     252000     270000       0  261000.000000
POLO衫S          0.000000     210000     225000       0  217500.000000
POLO衫XL         0.000000     210000          0       0  210000.000000
T恤L        220000.000000          0          0       0  220000.000000
T恤LL       275000.000000          0          0       0  275000.000000
T恤XL       220000.000000          0          0       0  220000.000000
休閒襯衫L     340000.000000          0          0       0  340000.000000
休閒襯衫LL    374000.000000          0          0   17000  195500.000000
休閒襯衫XL    408000.000000          0          0       0  408000.000000
All       306166.666667     252000     247500   17000  257785.714286
PS D:\038采實文化\python>
```

圖 4-22　**利用 Python 建立樞紐分析表的範例**

請大家以上述的執行結果對照程式的內容，不過具體來說，只有 3 行程式負責執行相關的處理。

```
1    import pandas as pd
2
3    df = pd.read_csv("..\data\ordersList.csv",encoding="utf-
     8",header = 0)
4    print(df.pivot_table(index="品名",columns="客戶名稱",
     values="金額", \
5    ⟼ fill_value=0, margins=True ))
```

程式碼 4-4　**use_pivot.py**

第 1 行的程式碼先匯入 pandas 函式中，並以 as 加上 pd 這個代稱，之後再於第 3 行的 pd.read_csv() 匯入 CSV 檔案，並將匯入的內容代入變數 df。

接著要先說明 read_csv 的參數。第一個參數是用來分析的資料庫檔案，之後則是字元的編碼。

用語

編碼

電腦以二進位的方式處理所有資料，所以字元當然也不例外，而為了處理每個字元，便替每個字元設定了二進位的編號，使用者也能視情況將字元轉換為二進位的編號，或是將二進位的編號轉回字元。前者的轉換過程稱為編碼，後者則稱為解碼，嚴格來說，不同方向的轉換有不同的稱呼，但這種轉換過程常常只稱為編碼。

編碼的規格有很多，例如日文有 JIS、Shift-JIS、Unicode（例如 UTF-8），若不使用正確的字元編碼，就會出現亂碼的問題。

若是利用 Windows 的 Excel 儲存的 CSV 檔案，建議使用通用的字元編碼 utf-8*、**，下一個參數 header=0 則代表首列為欄位名稱（表頭）。

將 CSV 資料匯入 df 之後，透過第 4 行 print 函數的參數，直接撰寫建立樞紐分析表的處理。說得具體一點，就是利用 df.pivot_table()，根據變數 df 的內容，建立樞紐分析表，其中的參數 index 是列的欄位，columns 是欄的欄位，values 是要彙總的欄位，fill_value 則是遇到空白時，填入空白欄位的值，範例填入的是 0，若不指定會填入 NaN（Not a Number）。

margins=True 是計算水平與垂直方向的合計，也就是圖 4-22

---

* 若是日文系統，可指定為 Microsoft Code Page932 的「cp932」，這種字元編碼與常見的日文編碼 Shift_JIS 有些不同。

** 儲存 CSV 時，可直接選擇以 UTF-8 這種字元編碼儲存。

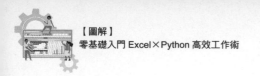
　　裡的 All 欄位（第 1 列的右端與位於左下端的最後一欄）。由於本例只計算合計，所以不需另外指定 aggfunc 這個選項，否則其實可利用這個選項計算平均值或標準差，當然也能指定自訂函數。

　　這次只稍微介紹了 pandas 函式庫能進行類似 Excel 樞紐分析表的分析，也介紹了函式庫的機制與設定方式，有興趣的讀者請自行試試其他功能，下面網頁也有英文版的 pandas 說明文件。

　　https://pandas.pydata.org/pandas-docs/stable/index.html

第 **5** 章

美化表格變易讀的
格式設定技巧

千岳又要被富井
課長叫去罵了

被富井課長拜託（？）製作統計表的千岳，又被他罵了。看來是因為沒顧及到格式……

富井：喂，千岳，我不是說要套用清楚的格式，然後印出來給我嗎？你拿這個來是什麼意思啊？你居然敢只附在電子郵件裡，然後只寫一句「統計表做好了？」而且字這麼小，要給誰看啊？

富井課長又跑來總務課大罵了。

千岳：呃……不是在電腦或平板電腦瀏覽嗎？只要在螢幕上放大，不就能看得更清楚了嗎？

用食指與拇指做出放大動作的千岳，讓富井課長怒火衝冠。

富井：你這傢伙，是不是很小看我，給我來一趟業務部！我會好好地整治整治你。聽好，你知道這些統計表都是給誰看的嗎？是部長或董事！所以一定要將重點內容的字體放大或變色，讓他們一眼就能看出重點才行！

千岳：原來是這樣啊，我懂了，真的該照課長說的做。不過，數字是對的喔！

富井：千岳，你還真是什麼都不懂啊！

學生時代參加體育社團的富井課長已經怒不可遏。

富井：我是說，要多花點心思讓沒時間的人更有效率了解內容！

千岳似乎被刺到痛處而不敢再回嘴了。

••

在第 4 章利用字典與串列這類資料結構製作統計表的千岳，似乎忘了調整表格與列印的樣式。雖然，被富井課長罵得狗血淋頭是有點慘，但方便閱讀的統計表，才能讓看的人早一步正確了解內容。其實儲存格的格式設定也可透過 Python 完成，在本章學習這些方法吧！

01 | 在統計表套用格式的範例程式

　　第 4 章製作了以商品分類叉交分析訂單數量的表格，而這一章要將這張表格整理成方便閱讀的格式（見圖 5-1）。第一步先觀察一下原本的表格，看看富井課長口中「讓沒時間的人更有效率了解內容」是怎麼一回事吧*！

	A	B	C	D	E	F	G	H
1	代碼	分類名稱	S	M	L	LL	XL	合計
2	10	POLO衫	2000	2400	1500	1300	1000	8200
3	11	禮服襯衫	0	0	0	0	0	0
4	12	休閒襯衫	0	0	1000	1500	1200	3350
5	13	T恤	0	0	2000	2500	2000	6500
6	15	開襟羊毛衫	0	0	0	0	0	0
7	16	毛衣	0	0	0	0	0	0
8	17	吸汗上衣	0	0	0	0	0	0
9	18	連帽T	0	0	0	0	0	0
10								

圖 5-1　套用格式之前的訂單一覽表

　　接下來要利用 Python 對這張統計表設定儲存格的格式，另外

---

* 為了套用千分位樣式，所以將第 4 章交叉分析的數值放大為 10 倍。

還要設定框線、欄寬與列高，讓整張表格變得更容易閱讀。最終會整理成下方圖 5-2 這種表格。

	A	B	C	D	E	F	G	H	
1	代　碼	分　類　名　稱	S	M	L	LL	XL	合　　計	
2	10	POLO衫	2,000	2,400	1,500	1,300	1,000	8,200	
3	11	禮服襯衫	0	0	0	0	0	0	
4	12	休閒襯衫	0	0	1,000	1,500	1,200	3,350	
5	13	T恤	0	0	2,000	2,500	2,000	6,500	
6	15	開襟羊毛衫	0	0	0	0	0	0	
7	16	毛衣	0	0	0	0	0	0	
8	17	吸汗上衣	0	0	0	0	0	0	
9	18	連帽T	0	0	0	0	0	0	

圖 5-2　套用格式之後的訂單一覽表

如果用滑鼠一步步套用，也不一定非得使用 Python 不可，但是每次都需要對格式固定的表格套用相同的格式時，將所有步驟寫成程式才是上上之策，因為從下一次開始，格式的設定就能全部由程式完成。即使表格的列數增減，也能自動取得框線範圍，是程式的優勢之一，而且速度比複製格式還來得更快。

接著逐步解說套用格式的程式（見程式碼 5-1）。

```
1    import openpyxl
2    from openpyxl.styles import Alignment, PatternFill, Font,
     Border, Side
3
4    #常數
```

```
5    TITLE_CELL_COLOR = "AA8866"
6
7    wb = openpyxl.load_workbook("..\data\orders_aggregate.
     xlsx")
8    sh = wb.active
9
10   sh.freeze_panes = "C2"
11   #設定欄寬
12   col_widths = {"A":8, "B":15, "C":10, "D":10, \
13   ┣━━→ "E":10, "F":10, "G":10, "H":10}
14   for col_name in col_widths:
15   ┣━━→ sh.column_dimensions[col_name].width =
         col_widths[col_name]
16
17   for i in range(2, sh.max_row+1):
18   ┣━━→ sh.row_dimensions[i].height = 18
19   ┣━━→ for j in range(3, sh.max_column+1):
20   ┣━━→┣━━→ #千分位樣式
21   ┣━━→┣━━→ sh.cell(row=i,column=j).number_format = "#,##0"
22   ┣━━→┣━━→ if j == 8:
23   ┣━━→┣━━→┣━━→ sh.cell(row=i,column=j).font =
                 Font(bold=True)
24
25   #建立字體
26   font_header = Font(name="MS PGothic",size=12,bold=True,
     color="FFFFFF")
27
28   for rows in sh["A1":"H1"]:
```

```
29   ├──→ for cell in rows:
30   ├──→├──→ cell.fill = PatternFill(patternType="solid",
            fgColor=TITLE_CELL_COLOR)
31   ├──→├──→ cell.alignment = Alignment(horizontal=
            "distributed")
32   ├──→├──→ cell.font = font_header
33
34   side = Side(style="thin", color="000000")
35   border = Border(left=side, right=side, top=side,
     bottom=side)
36   for row in sh:
37   ├──→ for cell in row:
38   ├──→├──→ cell.border = border
39   ├──→├──→
40   wb.save("..\data\orders_aggregate_ed.xlsx")
```

程式碼 **5-1** **format_sheet.py**

第 1 ～ 2 行的程式不僅載入 openpyxl，還從 openpyxl.stlyes 載入 Alignment、PatternFill、Font、Border、Side 這類設定儲存格格式的類別。

第 5 行程式的 TITLE_CELL_COLOR 是以 RGB 色碼的格式將標題儲存格的背景色設定為 AA8866 的顏色。Excel 可利用 0 ～ 255 的數值指定任何一種顏色，但在 Python 卻需要改成十六進位的格式。這部分的色碼可隨意設定，各位讀者可依照自己的檔案樣式改寫。

第 7 行的程式開啟了 orders_aggregate.xlsx。由於訂單一覽表

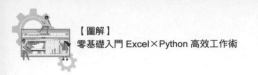

只有一張工作表,所以檔案一開啟,就會自動啟用這張工作表。因此在第 8 行選取這張工作表。

從第 10 行開始,就是設定工作表樣式的部分。

第 10 行的

```
sh.freeze_panes = "C2"
```

是以第 1 列、第 2 欄的位置固定列與欄。這就是利用 Python 執行 Excel 的「凍結窗格」功能的指令。

範例檔案的資料量不多,所以大家或許不知道這個設定有什麼意義,但執行 freeze_panes 方法之後,不管如何捲動畫面,標題或分類名稱都能常駐於畫面,即使往水平方向捲動畫面,直到尺寸為 M 之後的內容都看不見,還是能看到代碼與分類名稱。

第 12 行利用 col_widths 這個變數建立了字典,以便設定各欄的欄寬。這個字典是以欄位名稱為鍵,以設定的欄寬為值。

接著在第 14 ~ 15 行的程式以 for 迴圈從上述的 col_widths 取得鍵,再將與這些鍵對應的值代入變數 column_dimensions 的 width 屬性,藉此設定各欄的欄寬。若像第 14 行的程式

```
for col_name in col_widths:
```

沒有特定指定就存取字典,就能傳回字典的鍵,也可以直接以 keys 方法取得鍵。若將第 14 行程式改寫成後文的內容,也能得到相同的結果。

```
for col_name in col_widths.keys():
```

此外，使用 values 方法，寫成 col_widths.values() 也能取得與鍵對應的值。

從第 17 行程式開始的第二個 for 迴圈，會針對第 2 列到不為空白的最後一列，將變數 row_dimensions 的 height 屬性設定為 18，如此一來就能設定列高。

第 19 行開始的巢狀迴圈則設定了儲存格的樣式。

```
19  ├──→for j in range(3, sh.max_column+1):
20  ├──→├──#千分位樣式
21  ├──→├──sh.cell(row=i,column=j).number_format = "#,##0"
22  ├──→├──if j == 8:
23  ├──→├──→sh.cell(row=i,column=j).font =
                Font(bold=True)
```

從第 19 行開始的 for j 迴圈，會沿著欄方向，設定每個儲存格的數值樣式。具體來說，就是在儲存數字的儲存格套用 number_format 為「#,##0」的數值樣式，如此一來，只要在這些儲存格輸入數值，就會自動套用千分位樣式。

第 22 行的 if 陳述式會在 j 等於 8 時，執行第 23 行的處理。之所以是在 j 等於 8 時執行，是因為這個欄位是合計的欄位，所以要將 font 設定為粗體字的 bold=True，讓這個欄位有別於其他欄位。

這個部分的程式碼雖然直接指定了 Font 類別的物件，但如果要設定的項目很多，那麼設定起來就會很麻煩。此時可如第 26 行

的程式建立 Font 類別的物件變數，之後再將這個變數套用在儲存格的 font。

```
font_header = Font(name="MS PGothic",size=12,bold=True,color=
"FFFFFF")
```

這一行的程式以 font_header 這個變數名稱，建立要套用在標題列儲存格的 Font 物件的變數，一口氣設定了文字的相關格式。name 的部分是字體名稱（MS PGothic）、字級（size）是 12、bold 也設定為粗體字的 True，文字顏色（color）則設定為「FFFFFF」，也就是與背景色形成對比的白色。

後續的第 28 ～ 32 行程式則是將上述的變數 font_header 的內容套用在工作表的儲存格裡。

```
28   for rows in sh["A1":"H1"]:
29   ├──→ for cell in rows:
30   ├──→├──→ cell.fill = PatternFill(patternType="solid",
            fgColor=TITLE_CELL_COLOR)
31   ├──→├──→ cell.alignment = Alignment(horizontal=
            "distributed")
32   ├──→├──→ cell.font = font_header
```

請大家注意一下第 28 行設定的儲存格範圍。

```
for rows in sh["A1":"H1"]:
```

其中的 sh["A1":"H1"] 是能快速指定儲存格範圍的方法。原本這個範例只指定為 "A1":"H1" 所以儲存格範圍只有 1 列，大家也無從感受這種設定有多麼好用，但光是這樣就能取得列，所以才能在第 28～29 行的雙重 for 迴圈，取得列以及該列的儲存格。

每個儲存格都設定了背景色（fill= 第 30 列）以及儲存格的對齊方式（alignment = 31 列），第 32 行程式則將第 26 行建立的 font_header 指定給 font，一口氣完成相關的項目。

第 31 行的 Alignment(horizontal ="center") 則是套用水平置中樣式。之後會於設定多列的範例，再次說明這種指定儲存格範圍的方法。

框線的設定可先建立 Side 物件，再指定框線的樣式與顏色。

```
34    side = Side(style="thin", color="000000")
35    border = Border(left=side, right=side, top=side,
      bottom=side)
36    for row in sh:
37    ├───→for cell in row:
38    ├───→├───→cell.border = border
```

這部分的程式將 style 指定為 thin（細），再將 color 指定為 RGB 色碼的 000000（黑色），接著將剛剛建立的物件變數 side 指定給 Border 物件的儲存格的 left（左側）、right（右側）、top（上側）、bottom（下側）。

從第 36 行開始的 for 迴圈則是針對有資料的儲存格，也就是 cell 的 border 屬性設定 border，如此一來，從第 1 列開始有資料的

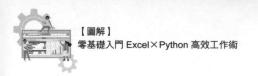

儲存格範圍都會套用框線樣式。

最後的第 40 行的 wb.save 方法,則是儲存套用了樣式的 Excel 檔案。

如此一來,表格就會變得容易閱讀。接著,要進一步說明在此使用的技巧。

02 | 本章學習的技巧

　　雖然 openpyxl 可設定各式各樣的格式，但是可設定的格式種類繁多，內容也非常複雜，不可能單憑本章的範例程式介紹完畢，所以讓我們先學會透過程式設定樣式的基本方法，讓表格變得更容易閱讀。

　　此外，隨著統計方式與設定格式的不同，要匯入的函式庫也會增加，所以在此先複習一下 import 陳述句的語法。

import 陳述句的語法

　　還記得在第 2 章說明的 import 陳述式嗎？那時介紹的是下列這種最簡單的 import 語法。

```
import 模組名稱（套件名稱）
```

　　第 3 章則以 import csv 載入了 csv 模組（csv.py）。請大家回想一下模組本身就只是個檔案，多個模組可組成套件這一回事。

　　話說回來，載入套件也是使相同的語法，例如 import openpyxl

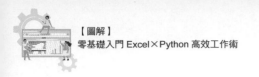

就可以載入套件。

第 4 章則是利用 import pandas as pd 載入 pandas 函式庫，再另外命名為 pd。語法如下。

```
import 模組名稱（套件名稱）as 綽號
```

另外，命名可透過更短的名稱使用套件，也能避免與其他的名稱重複。

此外，本章會使用下列這種語法。

```
from 模組名稱（套件名稱）import 類別名稱（函數名稱）
```

這種語法可從模組載入特定的類別或函數。例如，下列的語法即可載入 Alignment 與 PatternFill 這類類別。

```
from openpyxl.styles import Alignment, PatternFill, Font ,
Border, Side
```

openpyxl 是一個功能極多的大型函式庫，包含了許多套件，例如 styles 本身就是個套件，所以才會寫成 from openpyxl.styles。

假設想載入特定的模組，也可寫成下列的語法。

```
import 套件名稱.模組名稱
```

就能從特定的套件載入單一的模組。

本章所有範例程式都會載入 Alignment、PatternFill、Font、Border、Side 這些類別，但在前一行的程式已先載入 openpyxl，所以就能否使用這些類別的角度來看，是不用載入這些類別的。

不過，分別載入這些類別的好處，在於能讓程式變得更簡潔，例如想設定儲存格的背景色，就能只寫成下列的程式碼。

```
PatternFill(patternType="solid",fgColor=TITLE_CELL_COLOR)
```

但如果只載入 openpyxl，就得寫成下列這種比較長的程式碼。

```
openpyxl.styles.PatternFill(patternType="solid",fgColor=
TITLE_CELL_COLOR)
```

由此可知，能夠將重複使用的程式碼寫得如此簡潔，就是為什麼要另外載入類別的原因。

隱藏列與欄

本章的 format_sheet.py 會連只用於統計的欄位都顯示，但如果只要顯示分類名稱的欄位，可將 column_dimensions 的 hidden 設定為 True，讓想要隱藏的欄位隱藏。

例如，要讓 A 欄隱藏，可如下列的方式設定。

```
sh.column_dimensions['A'].hidden=True
```

如果想讓隱藏的欄位出現，只需要寫一行 hidden=False 的程式即可。

若要讓列隱藏，可寫成下列的程式。

```
sh.row_dimensions[1].hidden=True
```

也就是在 row_dimensions 設定列編號。上述的程式碼會讓第 1 列隱藏。

統整儲存格的格式設定

儲存格可設定的格式有很多種，所以接著介紹一些職場常用的設定，帶大家了解這類設定的程式該怎麼寫。

數值的格式設定

首先介紹的是數值的顯示格式。本章的範例程式將 cell 的 number_format 屬性指定為 "#,##0"。這種千位元樣式是以逗號與 # 符號設定，最後再設定消零。「消零」聽起來是可不太容易理解的字眼，但其實原文是英文的 zero suppress。

舉例來說，若設定為 "000" 的格式，「30」這個數值就會顯示為「030」，此時若沒有第一個 0，數值會更容易閱讀，所以設定為 "##0" 的格式，就能消除第一個 0。這就是所謂的「消零」。

若想顯示小數點以下的位數，可利用 "#,##0.00" 的語法，以 0

指定小數點以下的位數。

字型設定

範例程式也使用了 Font 類別。建立 Font 類別的物件，就能設定字型的各種屬性，較具代表性的屬性如下表 5-1。

屬性	內容
name	字型名稱
size	字級
bold	設定為 True 即可套用粗體字
italic	設定為 True 即可套用斜體字
underline	設定為 True 即可套用底線樣式
strike	設定為 True 即可套用刪除線樣式
color	以 RGB 色碼指定文字顏色

表 5-1　與 Font 相關的屬性

儲存格的填色

PatternFill 類別可設定儲存格的填色。patternType 可設定填滿的圖樣，fgColor 可指定填滿的顏色。

文字的對齊方式

Alignment 類別可以設定水平方向（horizontal）與垂直方向

（vertical）的對齊方式，horizontal 的設定項目包含 left（靠左對齊）、center（置中對齊）、fill（填滿）、right（靠右對齊）、centerContinuous（跨欄置中）、general（通用格式）、justify（左右對齊）、distributed（分散對齊）。

vertical 的設定項目包含 bottom（靠下）、center（置中對齊）、top（靠上）、justify（左右對齊）、distributed（分散對齊）。

接著透過設定對齊方式的範例程式，看看對齊的設定。

```
1    import openpyxl
2    from openpyxl.styles import Alignment
3
4    wb = openpyxl.Workbook()
5    sh = wb.active
6    sh.column_dimensions["A"].width = 20
7    sh["a1"] = "left,bottom"
8    sh["a1"].alignment = Alignment(horizontal="left",
     vertical="bottom")
9    sh["a2"] = "center,center"
10   sh["a2"].alignment = Alignment(horizontal="center",
     vertical="center")
11   sh["a3"] = "right,top"
12   sh["a3"].alignment = Alignment(horizontal="right",
     vertical="top")
13   sh["a4"] = "distributed,bottom"
14   sh["a4"].alignment = Alignment(horizontal="distributed",
     vertical="bottom")
```

```
15
16   wb.save(r"..\data\format_test.xlsx")
```

程式碼 5-2　設定文字對齊方式的 format_sheet1.py

　　這個程式會設定新活頁簿的 A 欄寬度（第 6 行程式），接著於第 7 ～ 14 行對 A1 ～ A4 的儲存格，設定文字於水平與垂直方向的對齊方式。執行這個程式之後，可得到下方圖 5-3 的結果[*]。

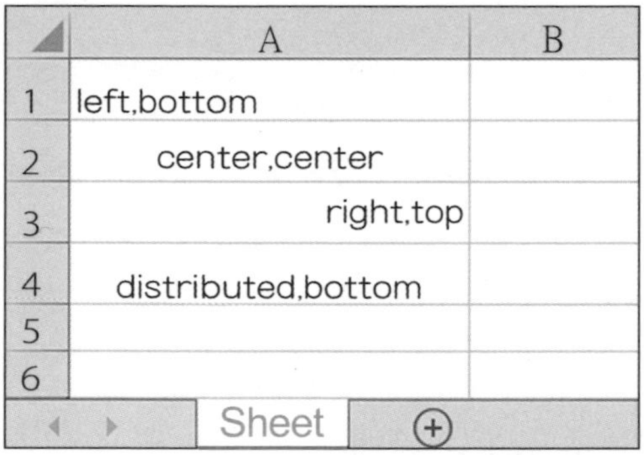

圖 5-3　**Alignment** 較具代表性的組合

合併儲存格

　　有許多人也會在製作商業文件的時候，使用合併儲存格這項功能。這次要另外以一個小程式說明這項功能的寫法（見下頁程式碼 5-3）。

---

* 　圖 5-3 為了看出垂直方向的對齊方式，特別將列高設定為高於標準的高度。

```
1    import openpyxl
2
3    wb = openpyxl.Workbook()
4    sh = wb.active
5
6    sh["b2"] = "合併儲存格的測試"
7    sh.merge_cells("b2:c2")
8    sh["b2"].alignment = openpyxl.styles.
     Alignment(horizontal="center")
9
10   wb.save(r"..\data\format_test.xlsx")
```

程式碼 5-3　指定儲存格再合併的 **format_sheet2.py**

這個程式會新增 Workbook（活頁簿），再於儲存格 B2 輸入較長的字串，然後以第 7 行的 merge_cells 方法合併（merge）B2:C2 這兩個儲存格。接著為了讓合併之後的結果更明顯，在下面的第 8 行以

```
openpyxl.styles.Alignment(horizontal="center")
```

設定文字水平置中對齊。如此一來，就能實現與 Excel 功能區的「合併儲存格」按鈕一樣的功能。

　　此外，這個程式只有這部分使用了 Alignment 類別，所以沒載入 Alignment 類別，也才會把程式碼寫成 openpyxl.styles.Alignment。

　　執行上述程式碼，工作表儲存格 B2 ～ C2 會如下頁圖 5-4 合併。

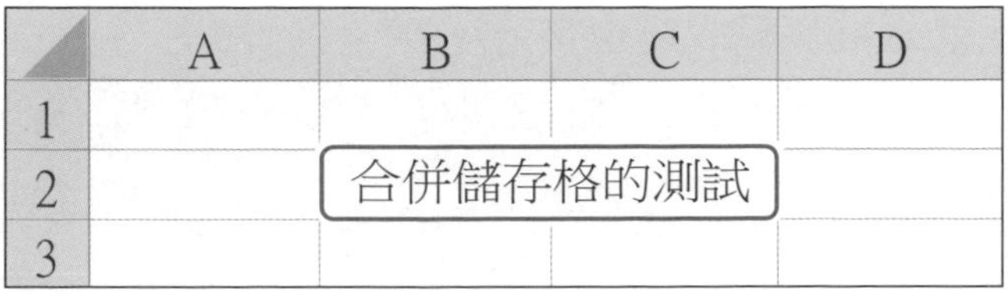

圖 5-4　合併儲存格

　　若要解除合併，可使用 unmerge_cells 方法，指定已合併的儲存格範圍，語法如下。

```
unmerge_cells("b2:c2")
```

raw 字串

　　接下來的部分雖然有點離題，不過還是希望先說明一下。

　　程式碼 5-3 的程式碼在最後的第 10 行，將 wb.save() 的參數字串前面，指定了 r。

```
r"..\data\format_test.xlsx"
```

　　在字串前面加上 r，代表不展開跳脫字元，直接將該字元當成字串處理。這種字串稱為 raw 字串。若希望 \t（定位點）或 \f（印表機換頁）這類具有特殊意義的跳脫字元於字串出現時，忽略這些字元的特殊意義，就可在字串前面加上 r。以上述的參數來看，資料夾間隔字元的「\」之後出現了 f，所以若不設定為 raw 字串，\f

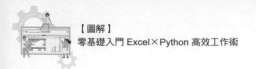

這兩個字元就會被解釋成跳脫字元。

　　輸入代表 raw 字串的 r，就能在檔案名稱以 f 或 t 為字首時，避免不小心剖析為跳脫字元的錯誤。

框線樣式

　　程式碼 5-1 在建立 Side 類別的物件變數時（程式碼 5-1 的第 34行），以下列的程式將 style 指定為 thin，也將 color 指定為 000000（黑色）。

```
side = Side(style="thin", color="000000")
```

　　所以套用了黑色細框線。除了這種框線，還能利用 Side 類別套用 Excel 內建的各種框線。

　　讓我們也以一個小程式試著套用這些框線。請先準備一個輸入了文字與數字的工作表（見圖 5-5）。

	A	B	C	D	E	F	G	H	I
1									
2		A		1		甲	10		a	100
3		B		2		乙	20		b	200
4		C		3		丙	30		c	300
5									
6									

圖 5-5　先製作一個輸入了文字與數字的工作表（**border.xlsx**）

　　這是預先輸入文字與數字，以 border.xlsx 的名稱在 data 資料夾儲存的檔案。可替這個工作表套用框線的程式是 format_sheet3.py。

```
1   import openpyxl
2   from openpyxl.styles import Border, Side
3
4   wb = openpyxl.load_workbook(r"..\data\border.xlsx")
5   sh = wb.active
6
7   side1 = Side(style="thick", color="00FF00")
8   side2 = Side(style="dashDot", color="0000FF")
9   side3 = Side(style="slantDashDot", color="FF0000")
10
11  for rows in sh["B2":"C4"]:
12      for cell in rows:
13          cell.border = Border(left=side1, right=side1,
                top=side1, bottom=side1 )
14  for rows in sh["E2":"F4"]:
15      for cell in rows:
16          cell.border = Border(left=side2, right=side2,
                top=side2, bottom=side2)
17  for rows in sh["H2":"I4"]:
18      for cell in rows:
19          cell.border = Border(left=side3, right=side3,
                top=side3, bottom=side3 )
20
21
```

```
22    wb.save(r"..\data\border_ed.xlsx")
```

程式碼 5-4　載入活頁簿，並在工作表套用框線的 format_sheet3.py

這個程式會載入要處理的檔案（border.xlsx ＝ 第 4 ～ 5 行的程式），再於每個儲存格範圍套用不同的樣式、顏色的框線（第 11 ～ 19 行程式）。

	A	B	C	D	E	F	G	H	I	J
1										
2		A		1	甲	10		a	100	
3		B		2	乙	20		b	200	
4		C		3	丙	30		c	300	
5										
6										

圖 5-6　利用 format_sheet3.py 替每個儲存格範圍套用框線的結果

第 7 ～ 9 行的程式設定了框線種類。若將 style 設定為 thick，就會套用粗框線，若設定為 dashDot 就會套用虛線樣式，若是指定為 slantDashDot，虛線與點就會變成傾斜（見圖 5-6）。

接著看看 style 設定為 medium、dooted、double 的框線樣式（見圖 5-7）。

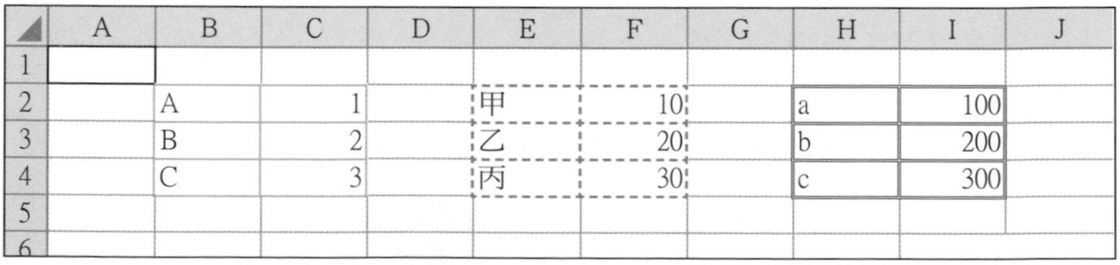

	A	B	C	D	E	F	G	H	I	J
1										
2		A		1	甲	10		a	100	
3		B		2	乙	20		b	200	
4		C		3	丙	30		c	300	
5										
6										

圖 5-7　由左至右依序套用了 medium、dotted、double 的框線樣式

在此雖無法介紹所有的樣式，但其實還有 hair、dashDotDot 這類樣式。

這個程式在 for 迴圈裡面，以 sh["B2":"C4"] 從指定的儲存格範圍取得列（第 11、14、17 行程式），接著再利用迴圈裡的 for 迴圈，從列取得儲存格（第 12、15、18 行程式），介紹指定要套用框線的儲存格範圍。

指定儲存格的方法

到目前為止，介紹了不少指定儲存格範圍的方法，在此總結一下。為了幫助大家了解這些方法，特別準備了 range.py 這個程式。因為要確認這個程式的執行結果，請先新增 range.xlsx 這個 Excel 檔案，再於 A1 ～ D4 的儲存格輸入下方圖 5-8 的值。

	A	B	C	D	
1	1	2	3	4	
2	10	20	30	40	
3	100	200	300	400	
4					

圖 5-8　**range.xlsx**

接著對這個檔案執行 range.py。

```
1   import openpyxl
2
3
4   wb = openpyxl.load_workbook(r"..\data\range.xlsx")
5   sheet = wb.active
6
7   getted_list = []
8   for row in sheet:
9   ┝━━➔ for cell in row:
10  ┝━━➔┝━━➔ getted_list.append(cell.value)
11
12  print(getted_list)
13
14  getted_list = []
15  for row in range(2, sheet.max_row+1):
16  ┝━━➔ for col in range(2,sheet.max_column+1):
17  ┝━━➔┝━━➔ getted_list.append(sheet.cell(row,col).value)
18
19  print(getted_list)
20
21  getted_list = []
22  for rows in sheet["B2":"C3"]:
23  ┝━━➔ for cell in rows:
24  ┝━━➔┝━━➔ getted_list.append(cell.value)
25
26  print(getted_list)
27
28  getted_list = []
```

```
29   for rows in sheet.iter_rows(min_row=2, min_col=2,
     max_row=3, max_col=3):
30   ├──→ for cell in rows:
31   ├──→├──→ getted_list.append(cell.value)
32
33   print(getted_list)
```

程式碼 5-5　**range.py**

接著，要透過這個 range.py 介紹四種取得儲存格範圍的值的方法。第一種是操作整個 sheet 物件的方法。第 8 行的 for 迴圈以 in sheet 將所有不為空白的列與欄的範圍設定為處理對象。

```
for row in sheet:
├──→ for cell in row:
├──→├──→ getted_list.append(cell.value)
```

在這個 for 迴圈之中，先以 append 方法將儲存格的值存入串列 getted_list，等到雙重迴圈執行完畢，再以 print(getted_list) 輸出串列的內容，如此一來，就能以串列格式輸出每一列的值。

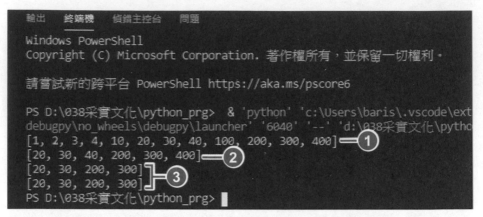

圖 5-9　執行後，變數（串列）**getted_list** 在終端機輸出的結果

　　終端機的第 1 行（圖 5-9 ❶）就是將整張工作表的值存入串列，再輸出串列內容的結果，可以看到所有的值都放入串列了。

　　從第 15 行程式開始的 for 迴圈，是第二種取得值的方法。這個方法適用於從第 2 列到所有不為空白的列或欄進行處理時使用。

```
for row in range(2, sheet.max_row+1):
    for col in range(2,sheet.max_column+1):
        getted_list.append(sheet.cell(row,col).value)
```

　　兩個 for 迴圈都從指定的數字（2）開始，而 range 函數會傳回第二個參數（在此為資料的最大值）的前一個數值，所以 max_row 與 max_column 都需要 +1，才能取得最後一列或最後一欄。

　　串列的輸出結果為前一張圖的終端機的第 2 行（圖 5-9 ❷）。

```
[20, 30, 40, 200, 300, 400]
```

從中可以了解串列儲存的內容。

第三個方法適用於儲存格範圍已知的情況，這種方法也可以透過較熟悉的 sheet["B2":"C3"] 這種 Excel 座標設定儲存格範圍。請大家觀察 range.py 第 22 行之後的程式碼。

```
for rows in sheet["B2":"C3"]:
    for cell in rows:
        getted_list.append(cell.value)
```

輸出結果為前一張圖的終端機的第 3 行（圖 5-9 ❸ ）。

```
[20, 30, 200, 300]
```

可以發現取得的是 2 列與 2 欄的資料。在此，故意將變數名稱設定為 rows 這種複數形，而不是 row 這種單數形，是因為想告訴大家透過 sheet["B2":"C3"] 這種指定範圍的方式，可取得多列的資料，這也是賦予變數名稱的範例之一。單然，說到底這還只是個變數名稱，所以設定為 row，程式的執行結果也不會有任何改變。

以列或欄指定同一塊儲存格範圍的程式碼如下。這次使用了 iter_rows 方法。

```
for rows in sheet.iter_rows(min_row=2, min_col=2,
max_row=3, max_col=3):
    for cell in rows:
        getted_list.append(cell.value)
```

iter_rows() 的 參 數 包 含 了 min_row、min_col、max_row、max_col，這些參數也都能以數字設定儲存格範圍。

輸出結果為圖 5-9 的第 4 行，但結果與第 3 行一樣。

利用 Python 設定格式化條件

結果麻美又跑來總務課找千岳，而且看起來有點慌張……

麻美：誒，千岳，富井課長越變越奇怪了，他居然脖子圍了條毛巾，嘴裡唱著「把去年同比未達 100% 的傢伙標記紅色吧！」這絕對是騷擾、職權騷擾啦！

千岳：啊，那應該是改編搖滾樂教父矢澤永吉（Eikichi Yazawa）的〈標記黑色〉啦，最近很流行的那首歌。

麻美：才不是矢澤啦，矢崎業務部長用一堆工作壓得富井課長喘不過氣，害富井課長看起來好可憐。千岳，這下該怎麼辦啦！

千岳：麻美，妳搞錯囉，富井課長說的是格式化條件的功能，富井課長應該是說業績未達去年同比 100% 的負責人，要填滿紅色，對吧！因為快到業績結算日，所以富井課長才會這麼緊張。

麻美：原來是這樣，我有問該怎麼填滿紅色，結果只得到給我
　　　買紅色油漆來這種回答，真的很叫人火大前，我不幹了，
　　　我也要調來總務課。

安井：咳咳！

　　聽到麻美這麼說的總務課安井課長故意咳了幾聲。最近總務課
總是有不速之客跑來，一會兒富井課長跑來破口大罵，一會兒麻美
跑來抱怨，安井課長都不禁懷疑，千岳是不是在做很多業外的閒
事。看來千岳得早點學會 Python，而且要拿出成果啦！

千岳：麻美，我跟妳說，格式化條件若是用 Python 設定，在
　　　Excel 呈現的結果就會變得更簡單易讀。

‧‧‧

　　沒想到這牛頭不對馬嘴的對話也能這麼熱絡……富井課長想做
的事可利用格式化條件實現。

　　或許有人覺得 Excel 的格式化條件很難，尤其利用公式設定條
件，一定要符合某種語法，這讓不少人覺得很複雜，但如果是用
Python 設定格式化條件，再於 Excel 確認套用結果，就會簡單許多。

　　試著以 Excel 內建的格式化條件設定，了解以 Python 設定的流
程。例如要在儲存格的值低於 100 時，讓儲存格的背景填滿紅色（見
圖 5-10），若是在 Excel 設定上述的效果，必須先從「常用」分頁
點選「條件式格式設定」的「醒目提示儲存格規則」，再點選「小

於」，然後將臨界值設定為 100，再將格式設定為紅色。

	A	B	C
1	98		
2	120		
3	100		
4	135		
5	67		
6	84		
7	86		
8	82		
9	111		
10	92		
11			
12			

圖 5-10　當儲存格的值低於 100，就填滿紅色的格式化條件

接著，來了解完成上述格式設定的 Python。

```
1   import openpyxl
2   import random
3   from openpyxl.styles import PatternFill
4   from openpyxl.formatting.rule import CellIsRule
5
6
7   wb = openpyxl.Workbook()
8   sh = wb.active
9   values = random.sample(range(50,150), 10)
10  for i, value in enumerate(values):
```

```
11  ├── sh.cell( i + 1, 1 ).value = value
12
13
14  less_than_rule = CellIsRule(
15  ├── operator="lessThan",
16  ├── formula=[100],
17  ├── stopIfTrue=True,
18  ├── fill=PatternFill("solid", start_color="FF0000", end_
        color="FF0000")
19  )
20  sh.conditional_formatting.add("A1:A10", less_than_rule)
21
22  wb.save(r"..\data\fill_red.xlsx")
```

程式碼 5-6　在符合條件的儲存格填滿紅色的 fill_red.py

　　第 1 ～ 4 行程式除了載入 openpyxl 函式庫，還載入了產生亂數的 random 模組，同時載入了填色的 PatternFill 類別以及建立格式化條件的 CellIsRule 類別。

　　新增活頁簿，啟用工作表的程式碼已經介紹過很多遍，可能有些人都看膩了。

　　之後的兩個函數是第一次登場。

　　第 9 行的 random.sample() 會每次傳回不重複亂數的串列，而 range(50,150) 是指亂數的範圍，所以這個函數會每次從 50 ～ 149 間，傳回 10 個不重複數字，而這個數量是由第二個參數指定。

　　亂數到底是怎麼產生的呢？讓我們追加一行以 print() 輸出結果的程式，再執行這個程式看看。

圖 5-11　輸出亂數串列 values 的結果

在學習程式設計時，像這樣中途確認變數的值是否一如預期，再繼續寫程式是非常重要的一環。這裡的確產生了 10 個不重複的亂數，而且是以串列這種資料結構呈現（見圖 5-11）。每次執行這個程式，都會產生不同的數字組合。

第二個首次登場的是第 10 行的 enumerate()。這個函數會從串列這類資料結構依序取得索引值與元素，以這個程式而言，就是依序取得變數 i 與 value。由於索引值是從 0 開始，所以要轉換成列編號，必須在第 11 行將 sh.cell 指定列的部分寫成 i+1。

從第 14 行開始，是格式化條件的部分。具體來說，先建立 CellIsRule 類別的物件，接著以 add 函數將物件代入在 sheet 的 conditional_formatting，藉此套用格式化條件。第一個參數 operator 指定為 lessThan，第二個參數 formula 指定為 100，第四個 fill 則利用 PatternFill 方法將填色樣式指定為 solid，再將兩邊的填色指定為 start_color="FF0000" 與 end_color="FF0000"，也就是以 RGB 色碼指定為紅色。

將這個設定完成的格式化條件 less_than_rule 套用在 A1:A10 的儲存格範圍（第 20 行），再將這個活頁簿儲存為 fill_red.xlsx。

接著打開 Excel，看看儲存格的格式有什麼改變。請依照前述
的步驟開啟格式化條件的選單，點選「管理規則」，確認格式化條
件的內容。

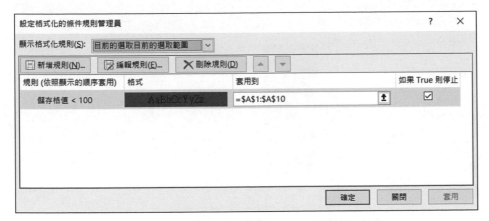

圖 5-12 利用 Python 設定 Excel 的格式化條件

從圖 5-12 可以看出這裡是由左至右依序是「儲存格值 <
100」、「填滿紅色」、「範圍是 A1 至 A10」的設定。

設定色階

接著要介紹格式化條件的色階。

	A	B	C
1	138		
2	90		
3	74		
4	63		
5	53		
6	114		
7	112		
8	106		
9	70		
10	96		
11			
12			

圖 5-13　由紅色至白色的變化

再來要設定的，是在儲存格的值較小時填滿紅色、較大時填滿白色這種視情況填入不同色階的格式化條件（見圖 5-13）。先來了解這個程式。

```
1   import openpyxl
2   import random
3   from openpyxl.formatting.rule import ColorScaleRule
4
5
6   wb = openpyxl.Workbook()
7   sh = wb.active
8   values = random.sample(range(50,150), 10)
```

```
9    for i, value in enumerate(values):
10   ├──→ sh.cell(i + 1, 1).value = value
11
12   two_color_scale = ColorScaleRule(
13   ├──→ start_type="min", start_color="FF0000",
14   ├──→ end_type="max", end_color="FFFFFF"
15   )
16
17   sh.conditional_formatting.add("A1:A10", two_color_
     scale)
18
19
20   wb.save(r"..\data\color_scale.xlsx")
```

程式碼 5-7　color_scale.py

這個程式 openpyxl.formatting.rule 載入 ColorScaleRule 類別。
這個類別可用來建立色階。

隨機從 50 ～ 149 之間挑出 10 個數字，再將這些數字代入 A 欄
的部分，與程式碼 5-6 的程式 fill_red.py 相同。

建立 ColorScaleRule 類別的物件時，可將 start_type 指定為
min，並將 end_type 指定為 max，而顏色的部分則是將 start_color
指定為 FF0000（紅色）以及將 end_color 指定為 FFFFFF（白色），
如此一來就能套用漸層色。

接著看看以這個程式設定的 ColorScaleRule 在 Excel 裡的格式
化條件的設定。

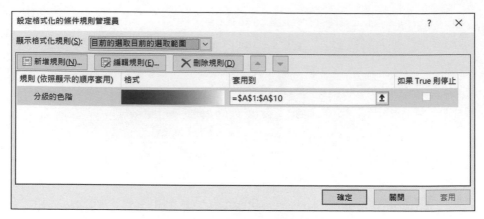

圖 5-14　確認以 **ColorScaleRule** 設定的 **Excel** 格式化條件

由圖 5-14 可見設定了由紅轉白的漸層色。

第 6 章

快速自動繪製
統計圖表

千岳，經營管理室的
大姐有事拜託我

　　千岳在走廊與麻美不期而遇。經營管理室的資深員工似乎有一些煩惱，於是找上了千岳，但千岳對經營管理室的事情可說是一竅不通。那位資深員工提到，超喜歡圖表的董事總是希望什麼資料都能做成圖表。

千岳：麻美，前幾天經營管理室的坪根小姐打電話來，希望我幫忙製作圖表，那個人怎麼會知道我？

千岳在走廊碰到麻美，跟麻美講了上面這件事。

麻美：啊，是那位姐姐啊，她跟富井課長同時進入公司，創了一個十五會，常跟富井課長一起去喝酒。

千岳：原來是這樣啊，十五會又是什麼？

麻美：就是平成 15 年進入公司的。話說回來，坪根小姐麻煩你什麼啊？不管是什麼，你都要小心一點，坪根小姐可是直達天聽，與社長或董事的關係超級好，惹她生氣就完蛋了。

千岳：麻美，妳別嚇我！

將時光倒轉到前幾天，當時千岳被叫到經營管理室。

千岳：不好意思，我是總務課的千田岳，請問坪根小姐在嗎？

千岳推開了經營管理室的大門。

坪根：我等了你好久，千岳老弟快過來看一下這個。

千岳：哇，好多表格，除了業績，還有經費、直營門市的問卷
統計、加班時數和電費的相關圖？連這些資料都要做成
圖表嗎？

坪根：對啊，董事說圖表比較一目瞭然，所以叫我做成圖表。

千岳：妳說的董事，就是那位社長的……

坪根：對啦，對啦，就是老想去國外出差的社長的好兒子。你
聽過 TED 嗎？自從董事去看了之後，就什麼都要做成
圖表，說什麼湯米很厲害啦，沒看過比漢斯做的泡泡圖
還厲害的圖表。我哪知道這些人是誰。做這些圖表很麻
煩耶，有沒有什麼方法可以三兩下做好啊？千岳。

∙∙

故事的舞台是西瑪服飾，使用的是 KABUKI 這個公司推出的
網路銷售管理系統，而經營管理室的坪根小姐則是從這個網路銷售
管理系統下載 CSV 格式的統計資料，匯入 Excel 之後，再根據這
些資料製作各種圖表。本章就是要利用 Python 根據 Excel 檔案格式
的統計資料自動繪製圖表。

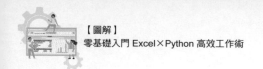

基本上，程式的構造就是「指定要參照的儲存格範圍」和「決定圖表類型」。只要掌握程式設計的技巧，就能在不同情況下使用。讓我們將注意力放在指定儲存格範圍和設定圖表的程式碼。

01 | 繪製圖表的範例程式

本章要利用 openpyxl 函式庫以 Python 繪製圖表。要繪製的圖表包含長條圖、堆疊長條圖、折線圖、區域圖、圓餅圖、雷達圖、泡泡圖。在執行程式之前，先看看這次會使用哪些資料，以及繪製哪些圖表。

第一步先將各客戶營業額繪製成長條圖。基本資料如圖 6-1。

	A	B	C
1	客戶代碼	客戶名稱	當月業績
2	00001	赤坂商事	$5,600,000
3	00002	大型控股公司	$3,400,000
4	00003	北松屋連鎖店	$7,650,000
5	00004	OSAKA BASE	$1,250,000
6	00005	Light OFF	$3,460,000
7	00006	Big Mac House	$2,340,000
8	00007	TANAKA	$7,800,000
9	00008	Your Mate	$5,490,000
10	00009	KIMURACHAN	$11,218,000
11	00010	哈雷路亞	$2,300,000
12	00011	Side Bar 控股公司	$1,256,000
13			

圖 6-1　各客戶的業績工作表

接著要根據圖 6-1 Excel 工作表的客戶名稱與當月業績，利用 Python 程式繪製長條圖（見下頁圖 6-2）。

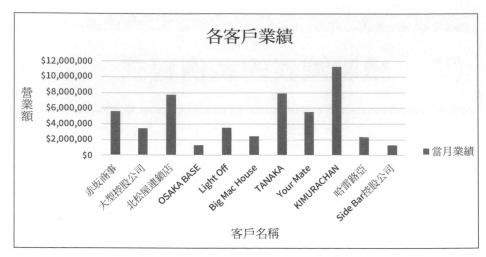

圖 6-2　說明各客戶業績的長條圖

接著是圖 6-3 以商品分類、尺寸統計銷售數量的工作表。

	A	B	C	D	E	F	G
1	代碼	分類名稱	S	M	L	LL	XL
2	10	POLO衫	200	240	150	130	100
3	11	禮服襯衫	100	200	200	100	10
4	12	休閒襯衫	50	100	100	115	120
5	13	T恤	100	300	200	250	200
6	15	開襟羊毛衫	200	200	200	100	50
7	16	毛衣	100	150	200	150	100
8	17	吸汗上衣	150	250	300	260	100
9	18	連帽T	150	150	200	150	50
10							

圖 6-3　依照商品分類與尺寸統計銷售數量的工作表

要根據圖 6-3 資料製作各尺寸銷售數量的堆疊長條圖。

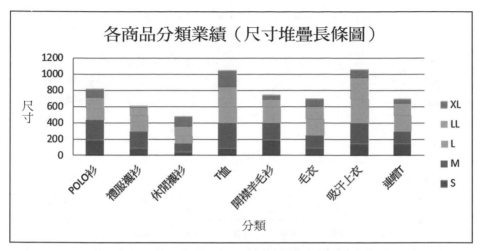

圖 6-4　商品分類與尺寸統計銷售數量的堆疊長條圖

　　畫成圖 6-4 這種圖表就能一眼看出每種商品與尺寸的銷售狀況。

　　此外，還要以月為單位，將各商品的銷售數量繪製成如下頁圖 6-6 的折線圖，以便了解銷售狀況的走勢。

	A	B	C	D	E	F	G	H	I
1	月分	POLO衫	禮服襯衫	休閒襯衫	T恤	開襟羊毛衫	毛衣	吸汗上衣	連帽T
2	4月	1500	2000	2000	1000	500	100	800	1500
3	5月	2000	1500	1500	2000	400	200	800	1000
4	6月	3000	1800	1500	3800	300	10	600	500
5	7月	2600	1500	1000	3600	30	20	500	100
6	8月	2800	1000	1000	3000	40	10	200	150
7	9月	1500	2500	2000	1000	500	500	400	3000
8									

圖 6-5　各商品分類、每月業績統計工作表

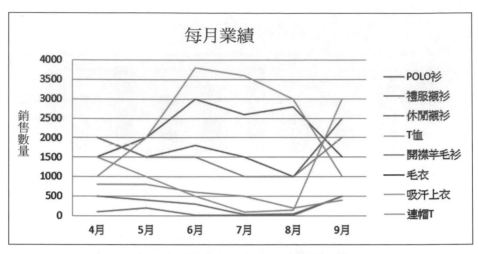

圖 6-6　　商品分類每月銷售數量趨勢折線圖

接著要繪製的是區域圖。這是同時具有堆疊長條圖與折線圖特徵的圖表，能以面積說明數量。此處要利用與圖 6-3 相同的資料繪製區域圖（見圖 6-7）。

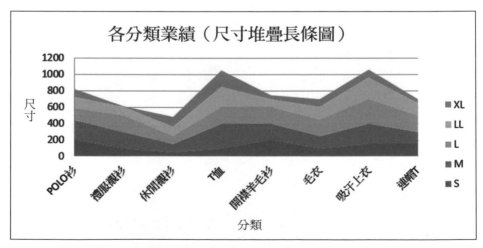

圖 6-7　　各商品尺寸銷售數量區域圖

原始資料與圖 6-4 的堆疊長條圖相同，但震撼效果完全不同。

也可以繪製圓餅圖。原始資料為圖 6-8 的 Women（婦女服飾）、
Men（紳士服飾）、Kids（兒童服飾）這些部門的營業額。

	A	B	
1		業績（百萬）	
2	Women	170	
3	Men	135	
4	Kids	110	
5			

圖 6-8　**Women、Men、Kids** 的各類別營業額

將圖 6-8 資料繪製成圓餅圖，就能一眼看出各類別業績的占比
（見圖 6-9）。

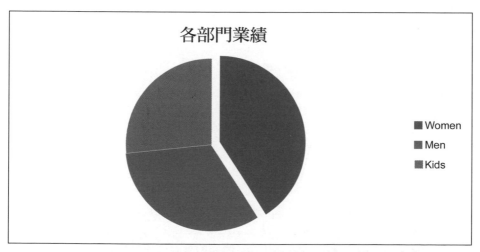

圖 6-9　說明 **Women、Men、Kids** 各類別營業額比例的圓餅圖

接著要根據直營門市的 Women（婦女服飾）、Men（紳士服飾）、Kids（兒童服飾）這些部門的資料（見圖 6-10）繪製雷達圖，從圖表研判這些部門的銷售傾向與偏重。

	A	B	C	D	E
1	直營門市	Women	Men	Kids	
2	千葉1號店	150	160	70	
3	千葉2號店	230	50	120	
4	埼玉1號店	140	100	150	
5	埼玉2號店	90	120	40	
6	櫪木1號店	80	110	10	
7					

圖 6-10　Women、Men、Kids 各部門直營門市的營業額

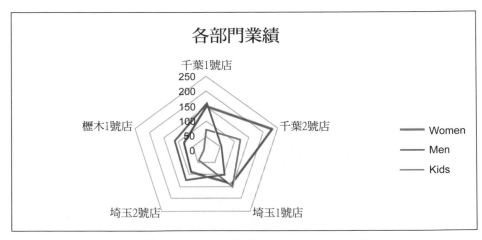

圖 6-11　Women、Men、Kids 各部門直營門市營業額雷達圖

在圖 6-11 這張雷達圖中，業績越好的部門，以線條圈出的面積越大，從中可發現，Women（婦女服飾）的面積最廣，也可看出各直營門市的強項，例如埼玉 1 號店擅長銷售 Kids（兒童服飾）。

最後要繪製的是泡泡圖。泡泡圖的特徵在於能同時比較三種不同的資料。

	A	B	C	D	
1	直營門市	業績（百萬）	業績（百萬）	員工人數	
2	千葉1號店	15	4.4	10	
3	千葉2號店	8	3	5	
4	埼玉1號店	32	8	15	
5	埼玉2號店	24	5	6	
6	櫪木1號店	13	3.5	3	
7					

圖 6-12　各直營門市的業績、利潤與員工人數

根據圖 6-12 資料繪製泡泡圖。

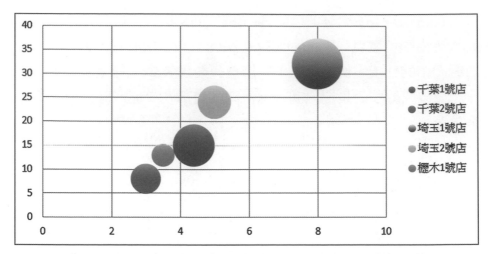

圖 6-13　說明各直營門市的業績、利潤、員工人數相對關係的泡泡圖

在圖 6-13 裡，Y 軸是業績，X 軸是利潤，泡泡的大小與員工人
數多寡有關，從中可找出業績、利潤與員工人數的相對關係。

不管是哪張圖表，都是利用 Python 根據這些資料繪製。只要
像這樣使用 openpyxl 函式庫，就能以相同的方式快速繪製各種圖
表。第一步，先從長條圖開始繪製。

繪製長條圖

接下來，觀察繪製長條圖的 column_chart.py 程式（程式碼 6-1）。

```
1    import openpyxl
2    from openpyxl.chart import BarChart, Reference
3
```

```
4    wb = openpyxl.load_workbook("..\data\column_chart.xlsx")
5    sh = wb.active
6
7    data = Reference(sh, min_col=3, max_col=3, min_row=1, max_
     row=sh.max_row)
8    labels = Reference(sh, min_col=2, max_col=2, min_row=2,
     max_row=sh.max_row)
9    chart = BarChart()
10   chart.type = "col"
11   chart.style = 28
12   chart.title = "各客戶業績"
13   chart.y_axis.title = "營業額"
14   chart.x_axis.title = "客戶名稱"
15
16   chart.add_data(data,titles_from_data=True)
17   chart.set_categories(labels)
18   sh.add_chart(chart, "E3")
19
20   wb.save("..\data\column_chart.xlsx")
```

程式碼 **6-1** **繪製長條圖的 column_chart.py**

　　為了快速繪製長條圖（Bar Chart），column_chart.py 不僅載入
openpyxl 套件，還另外從 openpyxl.chart 套件載入 BarChart 類別與
Reference 類別。一如第 5 章的說明，不用另外從 openpyxl.chart 套
件載入 BarChart、Reference 類別，也一樣能使用這些類別，因為
已經載入完整的 openpyxl 套件，但是像這樣另外載入，就能讓程

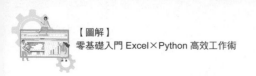

式寫得更簡潔。

　　至於調整長條圖的樣式，則先建立 BarChart 類別的物件，再利用 type、style、title 這些屬性設定，但最重要的是利用 Reference 類別建立 data 物件與 labels 物件。這些 Reference 物件具有「參照哪個資料範圍」的意思。

	A	B	C	D
1	客戶代碼	客戶名稱	當月業績	
2	00001	赤坂商事	$5,600,000	
3	00002	大型控股公司	$3,400,000	
4	00003	北松屋連鎖店	$7,650,000	
5	00004	OSAKA BASE	$1,250,000	
6	00005	Light Off	$3,460,000	
7	00006	Big Mac House	$2,340,000	
8	00007	TANAKA	$7,800,000	
9	00008	Your Mate	$5,490,000	
10	00009	KIMURACHAN	$11,218,000	
11	00010	哈雷路亞	$2,300,000	
12	00011	Side Bar 控股公司	$1,256,000	
13				
14		分類	資料	
15				

圖 6-14　**data 與 labels 物件代表的範圍**

　　第 7 行程式的 data 物件（資料）會從圖 6-14 工作表（sh）的 C 欄的儲存格 C1 開始參照，直到最後有資料的列，第 8 行程式的 lables 物件（分類）則會參照 B 欄裡的客戶名稱的列（原始資料的第 2 列到最後有資料的列，也就是 B2 ～ B12）。

如果要於 reference 方法定義 data 物件時只參照 C 欄，可利用下列的程式碼指定。

```
min_col=3, max_col=3
```

上述的程式碼有「從第 3 欄（=C 欄）到第 3 欄（=C 欄）」的意思。這方法同樣可於利用 labels 物件指定 B 欄時使用。

後面第 9 行程式則是建立空白長條物件，變數名稱為 chart。

從第 10 ～ 14 行則是圖表的屬性設定。這部分會在後續進一步說明，這裡先繼續往下看。

第 16 行程式是將 data 物件指定為 add_data 方法的參數，藉此對 chart 物件新增資料。此時若將第二個參數指定為

```
titles_from_data=True
```

原始資料的第 1 列的欄標題，就會自動轉換成長條圖的圖例。

接下來在第 17 行程式將 lables 物件指定為 set_categories 方法的參數，將分類指派給 chart。

第 18 行程式則利用 add_chart 方法將 chart 追加至工作表的儲存格 E3，如此一來，就能在工作表裡新增圖表。這項處理為「新增」，所以若重複執行這個程式，就會在相同的位置重複新增圖表。

最後以 save 方法儲存檔案，就能如下頁圖 6-15 在工作表新增圖表。

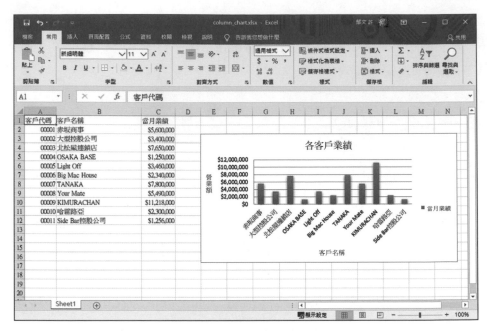

圖 6-15　新增圖表的工作表

　　接著，進一步了解從第 10 ～ 14 行 chart 的屬性設定。一開始先從容易了解的第 12 ～ 14 行開始說明。這三行的 title、y_axis.title、x_axis.title 應該不難想像是什麼內容才對，這三項分別是圖表、Y 軸與 X 軸的標題。

　　若調整第 11 行的 chart.style 的數值，圖表的外觀就會產生變化。範例指定的 28 是將長條圖的長條指定為橙色，若指定 1 就會是灰色；指定為 11 為藍色；指定為 30 為黃色；指定為 37，圖表的背景就會如下頁圖 6-16 套用淡灰色；指定為 45，整張圖表的背景就會變黑。

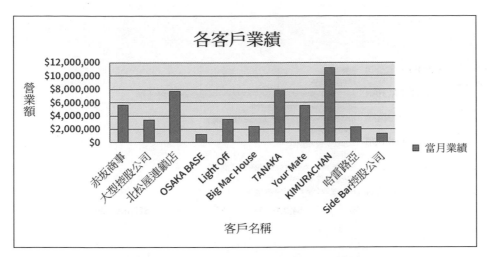

圖 6-16　將 chart.style 設定為 37 的圖表

　　若將第 10 行的 chart.type 指定為「col」，便能繪製本範例的
長條圖，若指定為 chart.type="bar"，則可將本範例的長條圖改成橫
條圖。

　　要注意的是，若改成橫條圖，於 Y 軸顯示的項目（客戶名稱）
就會被抽掉一部分（見下頁圖 6-17），這與用 operpyxl 繪製圖表時
的預設大小有關係。

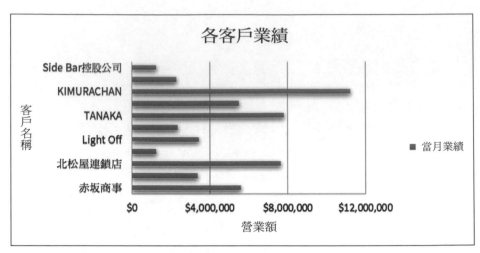

圖 6-17　利用相同資料繪製橫條圖，就會有部分的客戶名稱無法顯示

　　利用 Python 繪製圖表之後，於 Excel 開啟這個圖表，再手動修正各項目的高度，也是不錯的方案，但既然都用 Python 繪製圖表了，手動修正的部分當然是能免則免，所以可試著設定 chart 的 height 與 width 屬性，直接指定圖表的大小。

　　例如，在第 14 列後面加註

```
chart.height = 10
```

再執行程式，就能得到下頁圖 6-18 的橫條圖。

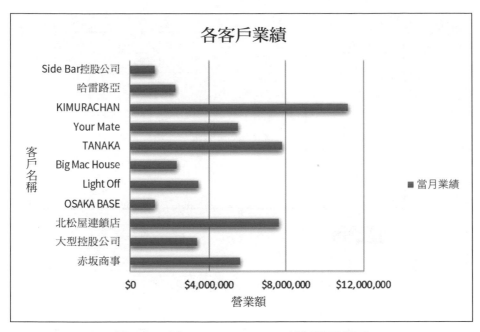

圖 6-18　以 chart.height=10 繪製的橫條圖

圖表的上下兩側多了不少留白，也更容易閱讀了。

堆疊長條圖

接著看看堆疊長條圖的程式，先從原始資料看起。

	A	B	C	D	E	F	G
1	代碼	分類名稱	S	M	L	LL	XL
2	10	POLO 衫	200	240	150	130	100
3	11	禮服襯衫	100	200	200	100	10
4	12	休閒襯衫	50	100	100	115	120
5	13	T恤	100	300	200	250	200
6	15	開襟羊毛衫	200	200	200	100	50
7	16	毛衣	100	150	200	150	100
8	17	吸汗上衣	150	250	300	260	100
9	18	連帽T	150	150	200	150	50
10							
11		分類			資料		
12							

圖 6-19　堆疊長條圖的參照範圍

接著要根據圖 6-19 POLO 衫或禮服襯衫這類商品的 S 到 XL 的尺寸,將每個尺寸的銷售數量繪製成堆疊長條圖。這個程式的名稱為 column_chart_stacked.py（見程式碼 6-2）。

```
1   import openpyxl
2   from openpyxl.chart import BarChart, Reference
3
4   wb = openpyxl.load_workbook("..\data\column_chart_
    stacked.xlsx")
5   sh = wb.active
6
7   data = Reference(sh, min_col=3, max_col=7, min_row=1,
    max_row=sh.max_row)
```

```
8    labels = Reference(sh, min_col=2, max_col=2, min_row=2,
     max_row=sh.max_row)
9    chart = BarChart()
10   chart.type = "col"
11   chart.grouping = "stacked"
12   chart.overlap = 100
13   chart.title = "各類別業績（尺寸堆疊長條圖）"
14   chart.x_axis.title = "分類"
15   chart.y_axis.title = "尺寸"
16   chart.add_data(data, titles_from_data=True)
17   chart.set_categories(labels)
18
19   sh.add_chart(chart, "I2")
20   wb.save("..\data\column_chart_stacked.xlsx")
```

程式碼 6-2　繪製堆疊長條圖的 column_chart_stacked.py

　　請看看第 7 行的程式。Reference 類別的物件建立為物件變數 data 之後，其參照範圍包含欄標題，是所有輸入了資料的列。

　　第 17 行的 set_categories 方法則將 lables 物件設定為參數，參照範圍則是從 B 欄的第 2 列開始，直到最後一列（第 8 列）。這部分是商品分類的部分。

　　第 11 行的 chart.grouping 指定為 stacked 之後，就會繪製堆疊長條圖。將 overlap 設定為 100，代表指定小於 100 的數值，不同大小的長條就會依序重疊。

　　執行程式之後，可得到下頁圖 6-20。

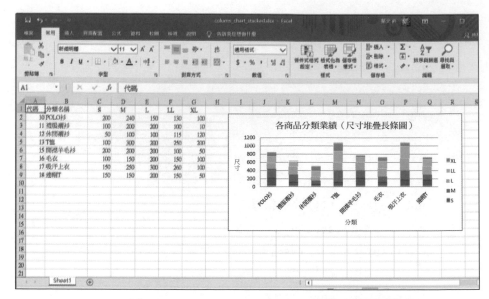

圖 6-20 以 column_chart_stacked.py 繪製的堆疊長條圖

　　第 7 行 Reference 類別的參照範圍包含原始資料第 1 列的欄位
標題，所以在第 16 行的 add_data 方法指定 titles_from_data=True，
就能新增 S、M、L 這類尺寸的圖例。

　　此外，若想在長條圖裡呈現各種尺寸的占比，可將第 11 行的
gruoping 指定為「percentStacked」。

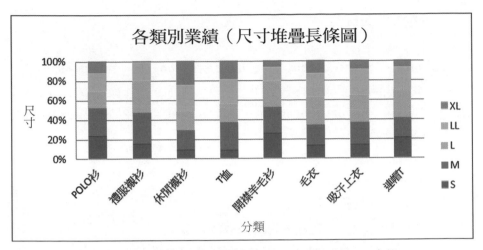

圖 6-21 將 grouping 指定為「percentStacked」之後，
可繪製百分比堆疊直條圖

這樣就能以長條圖說明各尺寸的銷售數量占比（見圖 6-21）。

折線圖

接著要利用折線圖（Line Chart）呈現 POLO 衫、T 恤或其他商品的銷售數量在每個月的變化，同時要讓各商品進行比較。先來了解繪製折線圖的 line_chart.py（見程式碼 6-3）。

```
1    import openpyxl
2    from openpyxl.chart import LineChart, Reference
3
4    wb = openpyxl.load_workbook("..\data\line_chart.xlsx")
```

```
5    sh = wb.active
6
7    data = Reference(sh, min_col=2, max_col=9, min_row=1,
     max_row=sh.max_row)
8    labels = Reference(sh, min_col=1, min_row=2, max_row=sh.
     max_row)
9
10   chart = LineChart()
11   chart.title = "每月業績"
12   chart.y_axis.title = "銷售數量"
13   chart.add_data(data, titles_from_data=True)
14   chart.set_categories(labels)
15
16   sh.add_chart(chart, "A9")
17   wb.save("..\data\line_chart.xlsx")
```

程式碼 **6-3** 　繪製折線圖的 **line_chart.py**

　　要繪製折線圖可使用 LineChart 類別。Reference 類別的參照範圍設定方式與 BarChart 類別相同（見下頁圖 6-22）。

	A	B	C	D	E	F	G	H	I	J
1	月分	POLO衫	禮服襯衫	休閒襯衫	T恤	開襟羊毛衫	毛衣	吸汗上衣	連帽T	
2	4月	1500	2000	2000	1000	500	100	800	1500	
3	5月	2000	1500	1500	2000	400	200	800	1000	
4	6月	3000	1800	1500	3800	300	10	600	500	
5	7月	2600	1500	1000	3600	30	20	500	100	
6	8月	2800	1000	1000	3000	40	10	200	150	
7	9月	1500	2500	2000	1000	500	500	400	3000	
8										
9	分類					資料				
10										
11										
12										

圖 6-22　折線圖的參照範圍

執行程式後，可得到圖 6-23。

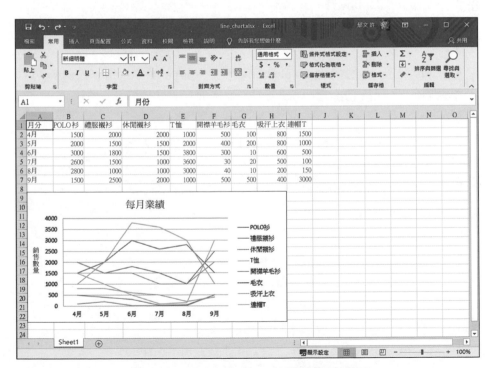

圖 6-23　以 line_chart.py 繪製的折線圖

　　於第 7 行程式定義資料的參照範圍時，將原始資料第 1 列的欄標題也一併納入參照範圍，之後再於第 13 行的 add_data 方法指定 titles_from_data=True，POLO 衫或是禮服襯衫這類商品就設定為圖例。

區域圖

　　接著繪製兼具堆疊長條圖與折線圖特性的區域圖（Area Chart）。

```
1    import openpyxl
2    from openpyxl.chart import AreaChart, Reference
3
4    wb = openpyxl.load_workbook(r"..\data\area_chart.xlsx")
5    sh = wb.active
6
7    data = Reference(sh, min_col=3, max_col=7, min_row=1,
     max_row=sh.max_row)
8    labels = Reference(sh, min_col=2, max_col=2, min_row=2,
     max_row=sh.max_row)
9    chart = AreaChart()
10   chart.grouping = "stacked"
11   chart.title = "各類別業績（尺寸堆疊長條圖）"
12   chart.x_axis.title = "分類"
13   chart.y_axis.title = "尺寸"
14   chart.add_data(data, titles_from_data=True)
```

```
15    chart.set_categories(labels)
16
17    sh.add_chart(chart, "I2")
18    wb.save(r"..\data\area_chart.xlsx")
```

程式碼 **6-4　繪製區域圖的 area_chart.py**

　　要繪製區域圖可使用 AreaChart 類別。在第 10 行的程式將 chart 的 grouping 屬性設定為「stacked」即可繪製堆疊區域圖。

　　若指定為「percentStacked」，則可繪製百分比堆疊區域圖，呈現各分類的占比。這個 grouping 的語法與堆疊長條圖相同。

　　這次資料參照範圍一樣包含原始資料第 1 列的欄標題，也利用 add_data 方法指定為 titles_from_data=True，所以 S、M、L、LL、XL 都設定為圖例，商品分類名稱則是圖表的項目。

　　以 Reference 類別設定參照範圍的方法，基本上與 BarChart、LineChart 類別或其他類別的程式碼一樣，都是相同的思維設定。

　　對下頁圖 6-24 的資料執行 area_chart.py 之後，就會得到下頁圖 6-25 的圖表。

	A	B	C	D	E	F	G
1	代碼	分類名稱	S	M	L	LL	XL
2	10	POLO衫	200	240	150	130	100
3	11	禮服襯衫	100	200	200	100	10
4	12	休閒襯衫	50	100	100	115	120
5	13	T恤	100	300	200	250	200
6	15	開襟羊毛衫	200	200	200	100	50
7	16	毛衣	100	150	200	150	100
8	17	吸汗上衣	150	250	300	260	100
9	18	連帽T	150	150	200	150	50
10							
11		分類				資料	
12							

圖 6-24　區域圖的參照範圍

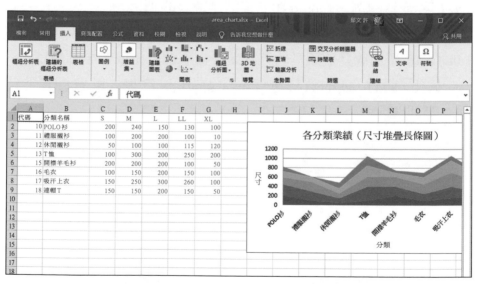

圖 6-25　利用 **area_chart.py** 繪製的區域圖

圓餅圖

要繪製圓餅圖（Pie Chart）可使用 PieChart 類別。

```
1   import openpyxl
2   from openpyxl.chart import PieChart, Reference
3
4   wb = openpyxl.load_workbook("..\data\pie_chart.xlsx")
5   sh = wb.active
6
7   data = Reference(sh, min_col=2, min_row=1, max_row=sh.
    max_row)
8   labels = Reference(sh, min_col=1, min_row=2, max_row=sh.
    max_row)
9
10  chart = PieChart()
11  chart.title = "各部門業績"
12  chart.add_data(data, titles_from_data=True)
13  chart.set_categories(labels)
14
15  sh.add_chart(chart, "D3")
16  wb.save("..\data\pie_chart.xlsx")
```

程式碼 6-5　繪製圓餅圖的 easy_pie_chart.py

利用 Reference 類別設定參照範圍的部分與之前相同，圓餅圖的圖例則是 A 欄的 Women、Men 與 Kids。

根據圖 6-26 的資料繪製圖表。

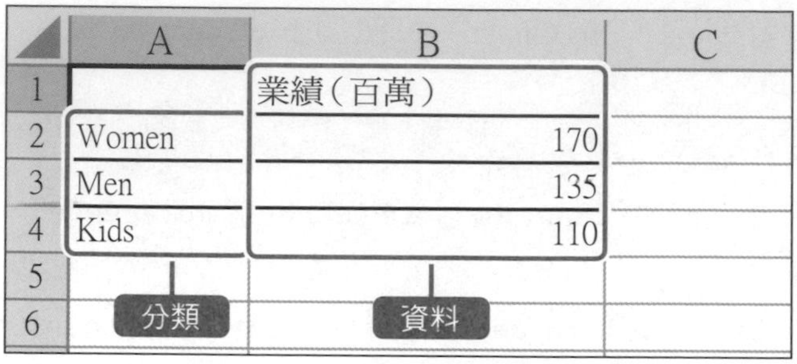

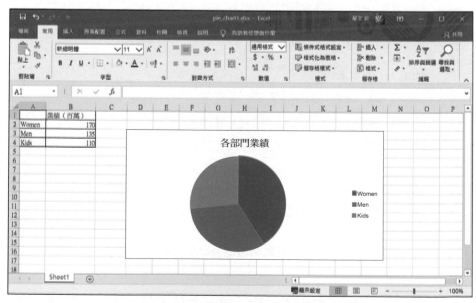

圖 6-26　圓餅圖的參照範圍

針對這些資料執行 easy_pie_chart.py 之後……

圖 6-27　利用 **easy_pie_chart.py** 繪製的圓餅圖

得到上頁圖 6-27 這個看起來毫無重點的圓餅圖，所以將第一個扇形（Women）切出來，調整成本章於圖 6-9 介紹的圓餅圖。

```python
import openpyxl
from openpyxl.chart import PieChart, Reference
from openpyxl.chart.series import DataPoint

wb = openpyxl.load_workbook("..\data\pie_chart.xlsx")
sh = wb.active

data = Reference(sh, min_col=2, min_row=1, max_row=sh.max_row)
labels = Reference(sh, min_col=1, min_row=2, max_row=sh.max_row)

chart = PieChart()
chart.title = "各部門業績"
chart.add_data(data, titles_from_data=True)
chart.set_categories(labels)

slice = DataPoint(idx=0, explosion=10)
chart.series[0].data_points = [slice]

sh.add_chart(chart, "D3")
wb.save("..\data\pie_chart.xlsx")
```

程式碼 6-6　可切出資料的 **pie_chart.py**

為此，要從 openpyxl.chart 載入 DataPoint 類別（第 3 行程式）。
要讓扇形脫離圓餅圖必須載入這個 DataPoint 類別。

　　上述的程式在第 16 行使用了 DataPoint 類別。第一個參數的
idx 為要脫離的扇形的索引值，第二個參數的 explosion 則為脫離程
度。因此上述的程式可讓第一個扇形脫離（見圖 6-28），而這個扇
形代表的是 Women 的資料。

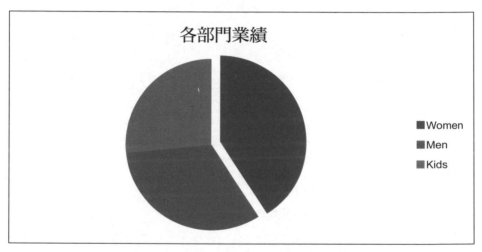

圖 6-28　**Women 的扇形脫離的圓餅圖**

　　若是將第 16 行的程式改成

```
slice = DataPoint(idx=2, explosion=30)
```

　　就可以得到下頁圖 6-29 這種圓餅圖。

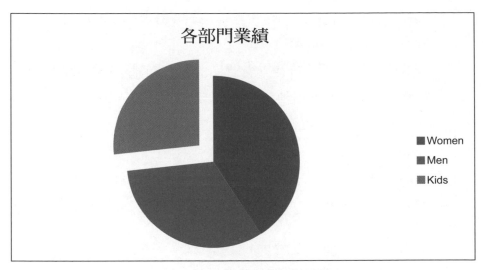

圖 6-29　第三個扇形脫離的圓餅圖

可以發現第三個扇形（Kids 的資料）脫離的距離更遠了。

雷達圖

要繪製雷達圖（Radar Chart）可使用 RadarChart 類別。

```
1    import openpyxl
2    from openpyxl.chart import RadarChart, Reference
3
4    wb = openpyxl.load_workbook(r"..\data\radar_chart.xlsx")
5    sh = wb.active
6
```

```
7   data = Reference(sh, min_col=2, max_col=4, min_row=1,
    max_row=sh.max_row)
8   labels = Reference(sh, min_col=1, min_row=2, max_row=sh.
    max_row)
9
10  chart = RadarChart()
11  chart.title = "各部門業績"
12  chart.add_data(data, titles_from_data=True)
13  chart.set_categories(labels)
14
15  sh.add_chart(chart, "F2")
16  wb.save(r"..\data\radar_chart.xlsx")
```

程式碼 6-7　繪製雷達圖的 radar_chart.py

　　Reference 類別的參照範圍設定與之前一樣，data 類是從原始資料的第 1 列開始參照，設定為分類的 labels 也是從第 2 列開始參照。add_data 方法的部分也與之前一樣，是指定為 titles_from_data=True，讓原始資料的第 1 列成為圖例。圖表的原始資料與本章開頭圖 6-10 介紹的雷達圖相同（見下頁圖 6-30）。

	A	B	C	D	E
1	直營門市	Women	Men	Kids	
2	千葉1號店	150	160	70	
3	千葉2號店	230	50	120	
4	埼玉1號店	140	100	150	
5	埼玉2號店	90	120	40	
6	櫪木1號店	80	110	10	
7					

分類　　　　　　資料

圖 6-30　雷達圖的資料範圍（與圖 6-10 相同）

針對圖 6-30 資料執行 radar_chart.py，可得到下方圖 6-31。

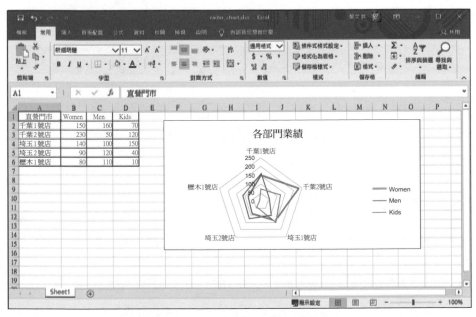

圖 6-31　執行程式之後的工作表

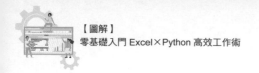
　　在雷達圖之中,分類的數值越大,該分類離中心點就越遠,所以圖形的面積也會變大。此外,各數列的占比越是平衡,圖形越接近正多邊形。在上述的範例裡,於各直營門市都賣得很好的部門會接近正多邊形。就整體來看,Women 部門的面積較大,而且形狀較為均衡。

　　本範例的雷達圖採用預設的樣式,但是在第 13 行程式碼後面加上:

```
chart.type = "filled"
```

將 type 指定為「filled」,即可於多邊形的內側填滿顏色。

泡泡圖

　　泡泡圖(Bubble Chart)可在平面圖表以泡泡呈現值的大小。若以 X 軸、Y 軸的值比較泡泡,進行資料分析。一開始先了解程式的內容。

```
1   import openpyxl
2   from openpyxl.chart import Series, Reference, BubbleChart
3
4   wb = openpyxl.load_workbook(r"..\data\bubble_chart.
    xlsx")
5   sh = wb.active
```

```
6
7    chart = BubbleChart()
8    chart.style = 18
9    xvalues = Reference(sh, min_col=3, min_row=2, max_row=sh.
     max_row)
10   yvalues = Reference(sh, min_col=2, min_row=2, max_row=sh.
     max_row)
11   size = Reference(sh, min_col=4, min_row=2, max_row=sh.
     max_row)
12   series = Series(values=yvalues, xvalues=xvalues,
     zvalues=size)
13   chart.series.append(series)
14
15   sh.add_chart(chart, "F2")
16   wb.save(r"..\data\bubble_chart.xlsx")
```

程式碼 6-8　繪製泡泡圖的 **easy_bubble_chart.py**

　　程式碼 6-8 第 9 ～ 11 行的程式建立了代表 X 軸、Y 軸、泡泡大小（size）的 Series 物件（Reference 物件），再追加（append）至 chart 的 series 屬性。這個步驟可快速建立需要的泡泡圖。

　　不過這個方法只能建立單一數列（Series）的泡泡圖。

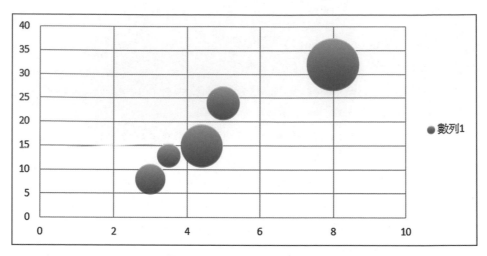

圖 6-32　單一數列的泡泡圖

　　若是不區分數列，所有的資料都會以同一種顏色的泡泡呈現（見圖 6-32），也就看不出差異。分別撰寫不同數列（Series）的程式，各數列的泡泡當然會自動調整成不同的顏色，可是這樣的程式就不夠實用。

　　所以我們要如圖 6-13 一般，調整每個門市的泡泡顏色，也要將每個門市設定為圖例。改良後的程式碼 6-8 如下方的程式碼 6-9。

```
1    import openpyxl
2    from openpyxl.chart import Series, Reference, BubbleChart
3
4    wb = openpyxl.load_workbook(r"..\data\bubble_chart.
     xlsx")
5    sh = wb.active
6
```

```
7    chart = BubbleChart()
8    chart.style = 18
9    for row in range(2,sh.max_row+1):
10   ├──→ xvalues = Reference(sh, min_col=3, min_row=row)
11   ├──→ yvalues = Reference(sh, min_col=2, min_row=row)
12   ├──→ size = Reference(sh, min_col=4, min_row=row)
13   ├──→ series = Series(values=yvalues, xvalues=xvalues,
            zvalues=size, title=sh.cell(row,1).value)
14   ├──→ chart.series.append(series)
15
16   sh.add_chart(chart, "F2")
17   wb.save(r"..\data\bubble_chart.xlsx")
```

程式碼 **6-9**　可顯示多個數列的 **bubble_chart.py**

　　這個繪製泡泡圖的程式在第 9 行程式碼的 for in 陳述式搭配 range，從工作表的第 2 列依序建立每一列的 Series 物件（第 13 行程式碼），再於 for 迴圈的最後將 Series 物件追加（append）至 chart 物件的 series 屬性（第 14 行程式碼）。

　　改成上述的內容再執行程式，可得到下頁圖 6-33 中泡泡顏色各異的泡泡圖。

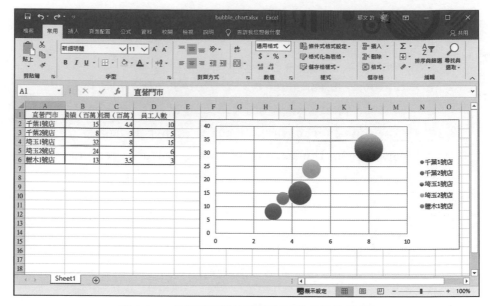

圖 6-33　各列資料於不同數列呈現的泡泡圖

最後讓我們整理一下 Chart、Series、Reference 之間的關係吧！

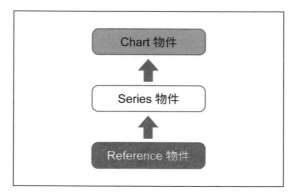

圖 6-34　**Chart、Series、Reference** 的關聯性

　　當然也有不需顧及 Series 物件的圖表，但這三個物件可說是利用 Python 繪製圖表所需的基本物件。一如繪製泡泡圖的說明，Chart 物件才是繪製圖表的物件（程式碼 6-9 的第 16 行程式碼）。三者的關係如下：Chart 物件是由 Series 物件組成（程式碼 6-9 的第 14 行程式碼）；該 Series 物件則是由 Reference 物件構成（程式碼 6-9 的第 13 行程式碼）＊。

• •

　　坪根：千岳，你好屬害，沒想到 Python 能這麼簡單畫好圖表，真是太感激了。

　　千岳：有幫上忙就太好了，坪根小姐。

　　坪根：千岳，星期五晚上有空嗎？我想請你吃飯，答謝一下。

　　千岳：很感謝妳的邀請，但星期五晚上有程式設計的讀書會，可能不太行……

千岳的回答還真是不得要領。

　　千岳：坪根小姐，我接下來要告訴妳執行程式的方法，請妳花點時間聽聽看。

＊　程式碼 6-9 的 Reference 物件是於第 10 ～ 12 行定義。

坪根：不用學這個啦，千岳每個月來幫我執行一次就好了，我
　　　這裡的大門可是隨時敞開的。

千岳：呃……還是先容我講解一下吧！

執行程式的方法

要依照本書介紹的步驟撰寫 Python 程式，必須安裝 Python3 與
Visual Studio Code。其實第 1 章已經提過，Visual Studio Code 也
能執行程式，想必大家都還記得。

但是對於只想執行程式的使用者而言，不需要安裝 Visual
Studio Code。只要安裝了 Python3，就能執行 Python 的程式。在
本書虛構的「西瑪服飾」裡，千岳與麻美為了學習 Python 才使用
Visual Studio Code，但坪根小姐卻只是個使用程式的人，所以坪根
小姐的電腦只需要安裝 Python3。

其實只想使用程式的人所安裝的 Python 與撰寫程式的人是一
樣的，換言之，只要依照第 1 章的步驟安裝 Python3，除了可安裝
Python 的直譯器，也會一併安裝 Python IDLE。執行程式所需的就
是 Python IDLE。

要啟動 Python IDLE，可從開始選單點選 Python 3.7*的資料夾，
再點選 IDLE（Python 3.7 64bit）**，如此一來，就會開啟「Python

3.7.4 Shell」[§]這類標題的視窗[†]。接著從 File 選單點選 Open（見圖
6-35）。

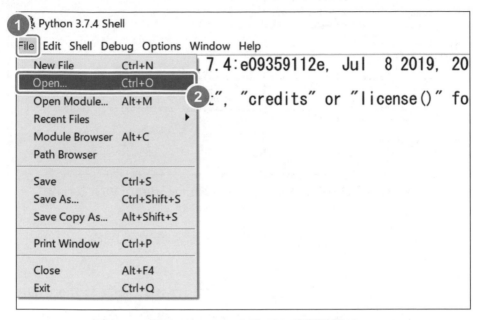

圖 6-35　從 **Python IDLE** 的 **File** 選單點選 **Open**

　　顯示「開啟」視窗之後，點選要執行的程式（.py 檔案），此
時，會開啟新視窗，顯示載入的程式碼[‡]。接著點選 Run 選單，再
點選 Run Module 就能執行程式（見下頁圖 6-36）。

---

*　內文或圖中的 3.7 會隨著作業系統環境變動。

**　64bit 可因作業系統環境改為 32bit。

§　內文或圖中的 3.7.4 會隨著作業系統環境變動。

†　這個視窗稱為「Shell Window」。

‡　這個視窗稱為「程式碼視窗」。

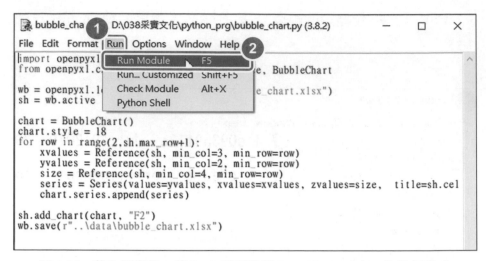

圖 6-36　載入程式後，從 Run 選單點選 Run Module（F5）執行程式

　　直接按下 F5 鍵（見圖 6-36 ❷），跳過選單的操作，也一樣能執行程式。

　　Python 的程式只要有直譯器就能執行，所以沒有 Python IDLE 也能執行程式，例如可使用 Windows PowerShell 或命令提示字元執行。

　　看看要怎麼利用 Windows PowerShell 執行程式。請先以檔案總管開啟程式的資料夾，再從檔案總管的「檔案」分頁點選「開啟 Windows PowerShell」→「開啟 Windows PowerShell」，啟動 Windows PowerShell（見下頁圖 6-37）。

圖 6-37　**以檔案總管開啟程式的資料夾，再從檔案分頁啟動**
Windows PowerShell

Windows PowerShell 啟動之後，如圖 6-38 在命令提示字元後
面輸入

python 要執行的程式名稱.py

再按下 Enter 鍵，就會執行程式。

圖 6-38　**執行 bubble_chart.py 輸入的指令**

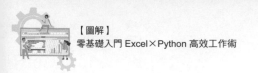
若依照第 1 章的步驟安裝 Python，也會同時安裝 py launcher。
此時如圖 6-39 輸入下列的指令

py 要執行的程式名稱.py

一樣可以執行程式。

> Windows PowerShell
> PS D:\038采實文化\python_prg> py bubble_chart.py

圖 6-39　**py bubble_chart.py 一樣可以執行程式**

第 7 章

多筆資料轉存 PDF

千岳被叫去見社長了

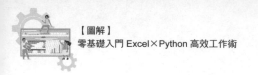

安井：喂，千岳，社長打了通電話，要你立刻去見他耶，你到
　　　底幹了什麼好事？總之立刻去給我道歉。

總務課的安井課長臉色鐵青。
（為什麼社長會找我啊？該不會是因為我拒絕了坪根小姐的邀
約，所以坪根小姐打了小報告吧？不會不會，一定不是這樣。）
惴惴不安的千岳來到了社長室。

千岳：社長好，我是總務的千田岳，請問您找我嗎？

社長：嗯，進來吧！

已經進入公司 5 年的千岳，還是第一次與社長單獨見面。

社長：你就是千岳？聽說你做了不少 RPA？先坐下來再說吧！

千岳：社長，我才疏學淺，不懂什麼是 RPA，只是利用 Python
　　　這個程式設計語言，改善了一小部分業務流程。

社長：咦？你不知道 RPA？RPA 就是 Robotics Process Automation
　　　（機器人流程自動化）的縮寫，也就是讓白領階級的業
　　　務變得更有效率、更自動化的意思。我還以為你知道自
　　　己在做的是什麼。

千岳：我只希望程式能稍微改善麻煩的工作，不是那麼厲害的

東西。

社長：嗯，這是大眾 RPA 吧，工廠的流程雖然變得很有效率，但白領的例行工事卻還不怎麼有效率。

千岳：社長真抱歉，我聽不太懂您的意思。

社長：話說回來，千岳，公司哪些業務還可以變得更有效率？

千岳：嗯，在收貨單、請款單挾入新商品傳單的寄送業務吧！這些傳單得多花郵寄費用，還得折好才能放進信筒，然後還要黏起來，是很麻煩的業務。

社長：原來如此，那你會怎麼改善呢？

千岳：我覺得轉換成 PDF 檔案，再用電子郵件寄送就好。

社長：這聽起來不錯，我會讓你擔任總務課 RPA 負責人，你就一步步完成這件事。我很期待喲，千岳。

千岳回到總務課，等得心裡七上八下的安井課長立刻上前追問。

安井：千岳，社長為什麼生氣？

千岳：社長好像要讓我當 RPA 負責人。

安井：這樣啊，好險，沒被開除就好，話說回來，千岳，什麼
是 RPA ？

∙∙

千岳似乎沒聽懂社長講的那個新名詞，就這樣回到了自己的部
門。不過居然能發現請款單與傳單的寄送業務還有改善空間，千岳
的眼光還真不錯！

當然，Python 也能在此有所發揮。將這些文件轉換成 PDF，就
不需要列印，也不需要封在信封裡再寄送。本章要帶大家了解自動
化的程式，讓必須人工操作的流程盡可能減少。

01 | 將 Excel 轉成 PDF 的程式

　　第 7 章是最後一章，要介紹將 Excel 製作的收貨單轉換成 PDF 的程式。如果直接寄送 Excel 檔案的收貨單，內容可能被不小心修改，所以要轉成 PDF。

　　第一步，先介紹作為範例程式前提的 Excel 檔案。

　　data\sales 資料夾存有每位負責人的收貨單（.xlsx），而收貨單有多張工作表，每張工作表都是一張收貨單。

利用 COM 從 Python 操作 Excel

　　一開始先為大家介紹本章會用到的技巧。第一個技巧是透過 PythonCOM 操作 Excel，此時會使用的是 Python Win32 Extensions（win32com 套件）。

　　要進入正題之前，應該還是要先說明一下 COM。COM 就是 Component Object Model 的縮寫，中文是元件物件模型，這種模型的程式是以獨立完成處理的軟體元件組成。

　　從程式的角度來看，COM 是軟體零件的一種。為了讓各種語言都能呼叫這種零件，Microsoft 於 1990 年代後半開始制定相關的

技術規格,所以後續出現的 Python 也能使用 COM。

COM 內定了物件該如何於記憶體配置,又該如何呼叫屬性與方法,以及傳回傳回值的規格,而且這些內容都已經公開,所以符合 COM 的零件,也就是 COM 元件可於各種程式語言使用。

Excel VBA 也是透過 VBA 語言操作 Excel 的 COM 物件。

安裝 win32com 套件

要於 Python 使用 COM,就得使用 win32com 套件,所以得事先安裝 Python Win32 Extensions。接下來說明安裝的步驟。

請先從下面的 github 網站下載 Python Win32 Extensions。

https://github.com/mhammond/pywin32/releases

接著從最新的資源,下載適合自己作業環境的 Python 版本。記得下載 exe 格式的檔案。本書執筆之際,最新的是 227 版。

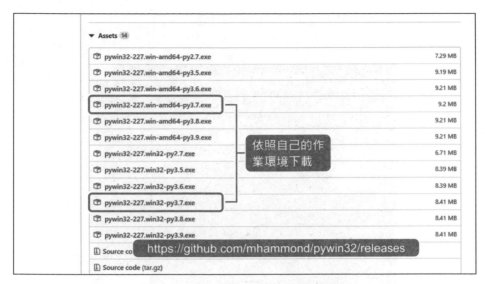

圖 7-1　執筆之際的最新資源為 227

　　從圖 7-1 中可以發現，同一個版本有兩個檔案，該選擇哪一個，必須依照電腦的 CPU 是 64 位元還是 32 位元決定。請依照第 1 章安裝 Python 的方式選擇相同位元的檔案。本書介紹的環境是 Python 3.8 的 64 位元版本，所以請下載 pywin32-227.win-amd64-py3.8.exe[*]這個檔案。

　　下載之後，請雙擊啟動安裝。讓我們一起搜尋以 pywin32 為首的 exe 檔案[**]。

　　有些時候會因為電腦的設定顯示 Windows Defender 的保護畫

---

[*]　若是安裝 Python 3.8，請點選 pywin32-227.win-amd64-py3.8.exe 這個檔案。本書校對完成時，Python 的最新版為 3.8，有無法正常使用 win32com 的問題。如果出現問題，不妨重新安裝 Python 3.7.x 的版本。詳情請參考 30 頁註釋。

[**]　副檔名為 exe 的檔案為執行檔。

面，此時請點選「其他資訊」（見圖 7-2）。

圖 7-2　於安裝開始時顯示的 **Windows Defender** 保護畫面

點選「仍要執行」，繼續安裝。

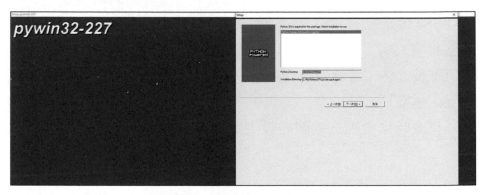

圖 7-3　**pywin32** 的安裝精靈

如上頁圖 7-3 顯示安裝精靈後，點選「下一步」。

下一個畫面會顯示安裝了 Python 的資料夾與 Python Win32 Extensions 準備安裝的資料夾（見圖 7-4）。如果安裝了多個 Python，請先在這個畫面確認資料夾名稱，確定是哪個 Python 要使用 pywin32，如果只安裝了一套 Python 就不用太在意這裡的設定。

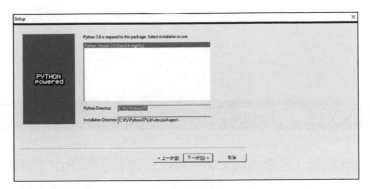

圖 7-4　勾選 **Python Directory** 與 **Installation Directory**

點選「下一步」繼續安裝。之後沒有其他需要進行的操作。

為了確認是否正確安裝，請啟動 Python IDLE。

試著在 Python IDLE 載入 win32com 的 client 套件（見下頁圖 7-5）。如果沒有顯示任何錯誤訊息，代表安裝成功。

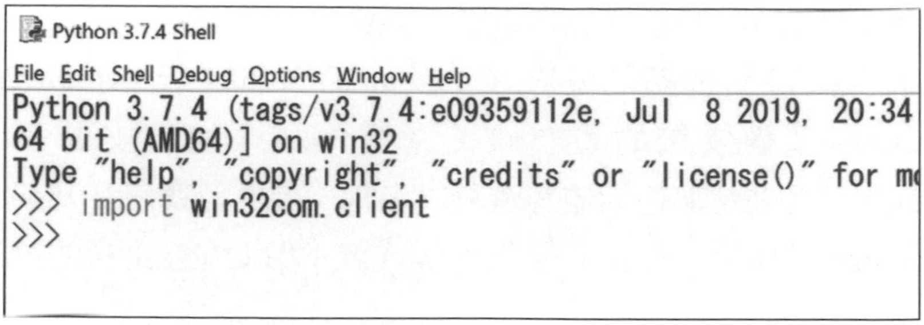

圖 7-5 執行 **import win32com.client**，確認是否會發生錯誤

將多個收貨單轉換成 PDF

準備就緒後，先看看將 Excel 的收貨單轉換成 PDF 的程式 sales_slip2pdf.py。話說在前頭，這個程式除了必須自行指定原始資料的資料夾，其餘都不需要另做調整，可在任何一台電腦將 Excel 檔案轉換成 PDF 檔。

```python
1   import pathlib
2   import openpyxl
3   from win32com import client
4
5   path = pathlib.Path("..\data\sales")
6
7   xlApp = client.Dispatch("Excel.Application")
8   for pass_obj in path.iterdir():
9       if pass_obj.match("*.xlsx"):
```

```
10  ├──┼──→book = xlApp.workbooks.open(str(pass_obj.
               resolve()))
11  ├──┼──→for sheet in book.Worksheets:
12  ├──┼──┼──→slip_no = str(int(sheet.Range("G2").value))
13  ├──┼──┼──→file_name = slip_no + ".pdf"
14  ├──┼──┼──→pdf_path = path / "pdf" / file_name
15  ├──┼──┼──→sheet.ExportAsFixedFormat(0, str(pdf_path.
                    resolve()))
16  ├──┼──→book.Close()
17  xlApp.Quit()
```

程式碼 7-1　將 Excel 檔案轉換成 PDF 檔案的 sales_slip2pdf.py

讓我們從程式碼 7-1 第 3 行程式看起。這部分是從 win32com 載入 client 套件。

第 5 行程式則是指定載入原始資料的資料夾。由於 Excel 的收貨單存放在 \data\sales 資料夾裡，所以將相對路徑指定給 pathlib. Path，再建立 Path 物件。使用 Path 物件的部分與第 3 章的業績傳票轉換成業績一覽表的部分一樣，請大家務必打開 sales_slip2csv. py 複習一下。

第 7 行的程式是

```
xlApp = client.Dispatch("Excel.Application")
```

使用這行程式就能透過 xlApp 物件變數操作 Excel，換言之，就是能透過 xlApp 使用 Excel VBA。Python 這種通用型的程式設計語言有許多 Excel VBA 無法實現的功能，但要使用 Excel 的所有功能，還是非 VBA 不可，所以 sales_slip2pdf.py 也使用了 VBA 的程式碼。如果你對 VBA 有一定程度的了解，這種技巧肯定能讓你如虎添翼。

第 8 行的 for 迴圈以 path.iterdir()，將資料夾裡的檔案與內容全部當成路徑物件取得，同時執行迴圈內部的處理。

第 9 行 if 陳述句裡的 pass_obj.match()，則是在目前的路徑與藉由參數指定的檔案格式相符時，傳回 True，如不相符就傳回 False，換言之，當副檔名為 xlsx 的 Excel 檔案就傳回 True，然後進行第 10 行之後的處理。這部分的處理就是「找出資料夾裡的 Excel 檔案，執行指定的處理」。

接著，是利用 VBA 的 workbooks.open() 開啟 Excel 的檔案（活頁簿）（第 10 行程式碼）。workbooks.open() 的參數必須指定為絕對路徑，所以透過 str 函數，將 pass_obj.resolve() 的結果轉換成字串，再傳遞給 workbooks.open()。於程式碼 7-1 以深灰底色標示的程式碼，就是使用 VBA 的部分。

Path 物件的 resolove 方法會傳回絕對路徑，所以從這個範例的第 5 行「..\data\sales\1001.xlsx」來看，會傳回「C:\Users\（帳戶名稱）\Documents\ 采實文化 \excel_python\07\data\sales\1001.xlsx 」*的格式。

所以，第 10 行的程式碼會將活頁簿物件存入變數 book。

```
book = xlApp.workbooks.open(str(pass_obj.resolve()))
```

---

* 絕對路徑會隨著作業環境的不同，而有不同的設定。

下面的第 11 行 for 陳述式則是從活頁簿物件的 Worksheets 集合取得每一張工作表。

VBA 的程式還沒結束，讓我們看著圖 7-6 收貨單，繼續看下去。

圖 7-6　收貨單（業績傳票）

第 12 行的 sheet.Range（"G2"）.value 會取得傳單編號[*]。取得的傳單編號會透過 int 函數轉換成整數，再與利用 str 函數轉換成字串的 .pdf 一同組成 PDF 的檔案名稱（第 13 行程式碼）。

接著是建立輸出的路徑，但這次想在 \data\sales\pdf 資料夾，

---

[*]　收貨單資料的項目名稱為「傳票No」。

也就是原始資料裡建立 pdf 資料夾，再將轉存的 PDF 檔案存在這。

由於這時候已經取得原始資料的路徑，所以只要加上新字串，就能取得儲存 PDF 檔案的路徑。Path 物件的 / 運算子可利用簡單的語法合併路徑。第 14 行的程式碼

```
path / "pdf" / file_name
```

會以 / 運算子在 Path 物件的變數 path 加上子資料夾 pdf 與 file_name，所以會組成「..\data\sales\pdf\1010981.pdf」這種相對路徑。

利用 resolve() 將剛剛的相對路徑轉換成絕對路徑，再指定給工作表的 ExportAsFixedFormat 方法的第二參數（第 15 行程式碼）。第一個參數設定為 0，代表要轉存為 PDF 格式。

如此一來，就會在 ..\data\sales\pdf 資料夾新增 PDF 檔案。看看執行程式之後，會新增哪些 PDF 檔案（見圖 7-7）。

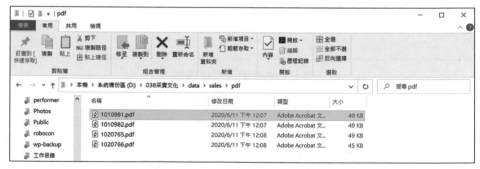

圖 7-7　在 ..\data\sales\pdf 資料夾新增了多個 PDF 檔案

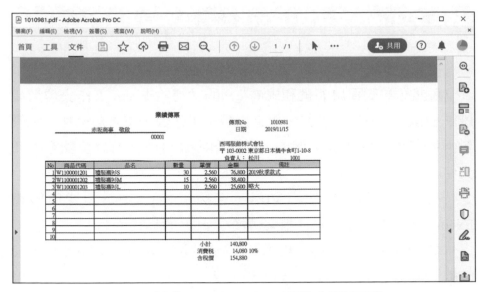

圖 7-8　開啟 1010981.pdf，確認內容是否正確

　　最後利用 book.Close() 關閉活頁簿（第 16 行程式碼），再利用 xlApp.Quit() 結束 COM 物件的操作（第 17 行程式碼）。

　　大家覺得這個程式實用嗎？這次介紹了如何以 win32com 操作 Excel 的 COM 物件，操作活頁簿、工作表與 range 的 VBA 程式碼，雖然與 Python 的 openpyxl 函式庫操作 Excel 的程式碼有些不一樣，但你應該已經發現，兩者其實非常相似，這是因為 VBA 與 Python 都是物件導向的程式語言，所以先學過 VBA 應該就能快速學會 Python 才對。

利用 Python 程式編排版面，再轉存為 PDF

接著，讓我們進一步了解轉存 PDF 檔案這個部分。

雖然已經知道該怎麼利用 Excel 的功能將 Excel 工作表轉換成 PDF 檔案，但有時候不只是想直接轉存工作表，還會想增加一點資料再轉存為 PDF 檔案。例如，根據顧客資料庫針對每位顧客製作文件就是這類情況。

在此介紹的是不使用 VBA，直接以 ReportLab 函式庫編輯 Excel 資料，以及將 Excel 檔案轉換成 PDF 的程式。

要使用 ReportLab 函式庫，第一步就是在 Visual Studio Code 的終端機執行 pip install reportlab 載入函式庫*（見圖 7-9）。這與之前安裝外部函式庫的方法一樣。

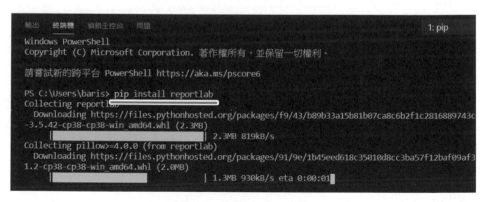

圖 7-9　安裝 ReportLab

---

* 本書日文原版校稿完成之際，Python 已更新至 3.8 版，也發現無法順利使用 reportLab 的問題。假設你的作業環境也無法順利使用，請重新安裝為 Python 3.7.x 版本。詳情請參考 31 頁的註釋。

接著，就依照剛剛提出的主題，將熟客限定的特銷說明內容轉換成 PDF 檔案。

Excel 的「客戶聯絡資料」檔案有個「收件人資料」工作表，內容就是熟客的資料庫（見圖 7-10）。B 欄是客戶的公司名稱，C 欄則是負責人姓名。這次我們要將公司名稱與負責人姓名組成 Excel 資料，為每位客戶製作特銷說明 PDF 檔案。

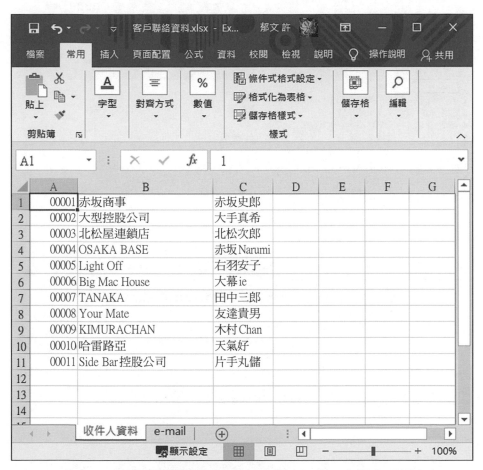

圖 7-10　於客戶聯絡資料的收件人資料工作表儲存的客戶資料

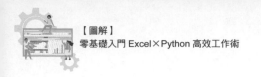

　　用於特銷說明會的宣傳內容也已先製作成 Excel 檔案。A 欄是項目名稱，B 欄則是項目的內容。說明則橫跨多列。這部分的內容會轉換成每位客戶專用的 PDF 檔案（見圖 7-11）。

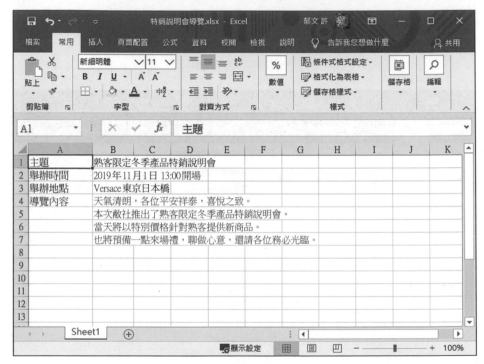

圖 7-11　將特銷說明會的宣傳內容製作成 Excel 檔案

　　接下來，要從客戶聯絡資料的收件人資料工作表，取得公司名稱與負責人姓名，再從特銷說明會導覽檔案，取得特銷說明會的宣傳內容，再將這些內容編排成版面適當的 PDF 檔案（見下頁圖 7-12）。

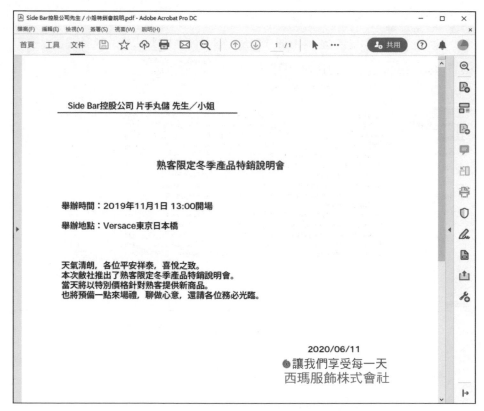

圖 7-12　完成的特銷會說明 **PDF** 檔案

　　如此一來，PDF 資料夾就會新增以公司名稱作為部分檔案名稱的 PDF 檔案（見下頁圖 7-13）。

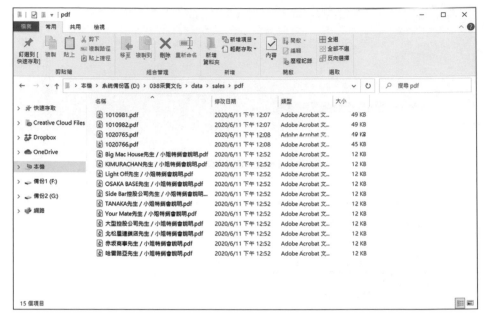

圖 7-13　於 PDF 資料夾儲存的 PDF 檔案

接著讓我們一起了解程式碼的內容。

```
1   from reportlab.pdfgen import canvas

2   from reportlab.lib.pagesizes import A4, portrait

3   from reportlab.pdfbase import pdfmetrics

4   from reportlab.pdfbase.cidfonts import UnicodeCIDFont

5   from reportlab.lib.units import cm

6   import openpyxl

7   import pathlib

8   import datetime

9   from PIL import Image

10
```

```python
11  def load_information():
12  ┠─→ wb = openpyxl.load_workbook("..\data\特銷說明會導
        覽.xlsx")
13  ┠─→ sh = wb.active
14  ┠─→ sale_dict = {}
15  ┠─→ for row in range(1, sh.max_row + 1):
16  ┠─→┠─→ if sh.cell(row,1).value == "導覽內容":
17  ┠─→┠─→┠─→ info_list = [sh.cell(row,2).value]
18  ┠─→┠─→┠─→ for info_row in range(row + 1 , sh.max_row + 1):
19  ┠─→┠─→┠─→┠─→ info_list.append(sh.cell(info_row,2).
                value)
20  ┠─→┠─→┠─→ sale_dict.setdefault("導覽內容", info_list)
21  ┠─→┠─→ elif sh.cell(row,1).value is not None:
22  ┠─→┠─→┠─→ sale_dict.setdefault(sh.cell(row,1).value,
                sh.cell(row,2).value)
23  ┠─→ return sale_dict
24
25
26  sale_dict = load_information()
27  path = pathlib.Path("..\data\sales\pdf")
28  wb = openpyxl.load_workbook("..\data\客戶聯絡資料.xlsx")
29  sh = wb["收件人資料"]
30  for row in range(1, sh.max_row + 1):
31  ┠─→ file_name = (sh.cell(row,2).value) + "先生／小姐特銷會
        說明.pdf"
32  ┠─→ out_path = path / file_name
33  ┠─→ cv = canvas.Canvas(str(out_path),
        pagesize=portrait(A4))
```

```
34 ├──→ cv.setTitle("特銷說明會導覽")
35 ├──→ pdfmetrics.registerFont(UnicodeCIDFont
        ("HeiseiKakuGo-W5"))
36 ├──→ cv.setFont("HeiseiKakuGo-W5", 12)
37 ├──→ cv.drawCentredString(6*cm, 27*cm, sh.cell(row,2).
        value + " " \
38 ├──→├──→ + sh.cell(row,3).value + " 先生／小姐")
39 ├──→ cv.line(1.8*cm, 26.8*cm,10.8*cm,26.8*cm)
40 ├──→ cv.setFont("HeiseiKakuGo-W5", 14)
41 ├──→ cv.drawCentredString(10*cm, 24*cm, sale_dict["主題"])
42 ├──→ cv.setFont("HeiseiKakuGo-W5", 12)
43 ├──→ cv.drawString(2*cm, 22*cm, "舉辦時間：" + sale_dict
        ["舉辦時間"])
44 ├──→ cv.drawString(2*cm, 21*cm, "舉辦地點：" + sale_dict
        ["舉辦地點"])
45
46 ├──→ textobject = cv.beginText()
47 ├──→ textobject.setTextOrigin(2*cm, 19*cm,)
48 ├──→ textobject.setFont("HeiseiKakuGo-W5", 12)
49 ├──→ for line in sale_dict["導覽內容"]:
50 ├──→├──→ textobject.textOut(line)
51 ├──→├──→ textobject.moveCursor(0,14)
52
53 ├──→ cv.drawText(textobject)
54 ├──→ now = datetime.datetime.now()
55 ├──→ cv.drawString(14.4*cm, 14.8*cm, now.
        strftime("%Y/%m/%d"))
56 ├──→ image =Image.open("..\data\logo.png")
```

```
57  ├── cv.drawInlineImage(image,13*cm,13*cm)
58  ├── cv.showPage()
59  ├── cv.save()
```

程式碼 7-2　自動產生說明會文件的 sale_information.py

這個程式比之前的都略長一點，但只是透過 Reportlab 新增 PDF 的部分，多了一些字型或其他部分的設定，其實一點都不難，而且也只是使用 Reportlab 函式庫的內容，所以要請大家反過來注意，將 Excel 的特銷說明放入字典或串列的程式碼。話說回來，Reportlab 也有付費版本，是製作 PDF 文件最具代表性的函式庫，建議大家先學會相關的使用方法。

第 1～9 行程式碼先載入了 reportlab 與其他的函式庫。於第 1 行載入的 canvas 可繪製文字與圖形，第 2 行的 A4 與 portrait 則是與版面設定有關的函式庫，在這個程式裡，主要用於設定 canvas 的大小與版面方向。

第 3～4 行的 pdfmetrics 或 UnicodeCIDFont 則用於設定字型。載入 cm 後，即可設定以 cm（公分）為單位的位置（第 5 行程式碼）。

由於想在程式裡取得日期，所以在第 8 行載入 datetime 模組，另外還想操作圖片，所以從圖片函式庫 PIL 載入 Image（第 9 行）。

這個程式在第 11 行的 def load_information(): 定義了自訂函數 load_information。load_information 函數所扮演的角色，是從 Excel 檔案「特銷說明會導覽 .xlsx」讀取特銷說明，再將特銷說明放入字典，最後以 return 陳述句傳回字典。

這種自訂函數的寫法，可讓這個內容略長的程式變得更容易閱讀，也能把複雜的處理區分成單一目的函數，與其他較簡單的處理

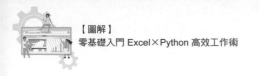
一起組成這個程式。

接著看看 load_information 函數的內容。

```python
11  def load_information():
12  ┌──→ wb = openpyxl.load_workbook("..\data\特銷説明會導
        覽.xlsx")
13  ├──→ sh = wb.active
14  ├──→ sale_dict = {}
15  ├──→ for row in range(1, sh.max_row + 1):
16  ├──┬─→ if sh.cell(row,1).value == "導覽內容":
17  ├──┼──┬─→ info_list = [sh.cell(row,2).value]
18  ├──┼──┼─→ for info_row in range(row + 1 , sh.max_row + 1):
19  ├──┼──┼──┬─→ info_list.append(sh.cell(info_row,2).
            value)
20  ├──┼──┼─→ sale_dict.setdefault("導覽內容", info_list)
21  ├──┼─→ elif sh.cell(row,1).value is not None:
22  ├──┼──→ sale_dict.setdefault(sh.cell(row,1).value,
            sh.cell(row,2).value)
23  ├──→ return sale_dict
```

請大家將注意力放在第 14 行的

```python
┌──→ sale_dict = {}
```

這行程式的用意，在於建立空白的字典。從第 15 行開始的 for
迴圈會在 A 欄的項目名稱為「導覽內容」（第 16 行程式碼）時，
利用下列的程式碼

```
├──┼──┼──info_list = [sh.cell(row,2).value]
```

將 B 欄的字串放入串列格式的變數 info_list（第 17 行程式碼）。

　　導覽內容有可能很多橫跨多列，所以在第 18 行程式碼再建立一個迴圈，而這個迴圈的範圍是以下列的程式碼設定

```
range(row + 1 , sh.max_row + 1)
```

　　意思是要處理的對象是從目前的列的下一列開始，到最後不為空白的列，再利用串列的 append 方法，將導覽內容第 2 列之後的內容，存入 info_list。如果處理到不為空白的最後一列，就利用下面這第 20 行的程式碼，將串列新增至字典裡。

```
├──┼──┼──sale_dict.setdefault("導覽內容", info_list)
```

　　下面的 elif 陳述句，是 A 欄項目名稱不為導覽內容時的處理（第 21 行程式碼）。

　　當儲存格為空白，is None 將傳回 True，所以下面這行程式碼

```
sh.cell(row,1).value is not None:
```

　　可確認儲存格的確存有項目名稱。之所以增寫這段 elif 陳述句，是為了避免在字典沒有鍵的情況下，新增導覽內容第 2 行之後的內容，如此一來，才能利用字典的 setdefault 方法，根據 A 欄項目名稱（鍵），將 B 欄內容（值）新增至字典（第 22 行程式碼）。

追加以利用 print 函數輸出 sale_dict 內容的程式碼[*]，再執行程式，可知道新增了下列內容的字典。

{'主題':'熟客限定冬季產品特銷說明會','舉辦時間':'2019年11月1日 13:00開場','舉辦地點':'Versace東京日本橋','導覽內容':['天氣清朗，各位平安祥泰，喜悅之致。','本次敝社推出了熟客限定冬季產品特銷說明會。','當天將以特別價格針對熟客提供新商品。','也將預備一點來場禮，聊做心意，還請各位務必光臨。']}

在以鍵與值為元素的字典裡，也可新增以串列為值的元素。以「導覽內容」為鍵的元素，其值就是串列。

接著，利用 return 陳述句，將字典傳回呼叫來源（第 23 行程式碼）。這個程式是從定義這個函數的下一行程式碼開始執行。

這個程式於第 26 行程式碼的

```
sale_dict = load_information()
```

呼叫了 load_information 函數，之後以 pathlib.Path 方法建立 Path 物件的變數 path（第 27 行），藉此建立儲存 pdf 檔案的資料夾，接著再進行「客戶聯絡資料 .xslx」的處理。

第 29 行的程式碼指定了要處理的工作表。如果 Excel 活頁簿只有一張工作表，可直接以 wb.active 選取該工作表。這部分的處理已在之前的程式出現很多次了。不過要注意的是，這次的「客戶聯絡資料 .xslx」有多張工作表，所以無法利用 wb.active 選取工作表，

---

[*] 只需要新增 print(sale_dict) 這行程式。程式撰寫完成後，可刪除這段程式碼。

必須改以工作表的名稱指定。此時可將程式碼寫成

```
wb["收件人資料"]
```

就能以工作表的名稱選取工作表。

　　從第 30 行程式碼開始的 for 迴圈，可製作每位客戶的 PDF 檔案。第 31 行的

```
31  ├── file_name = (sh.cell(row,2).value) + "先生／小姐特銷會
        說明.pdf"
32  ├── out_path = path / file_name
```

則是將 sh.cell(row,2).value 取得的公司名稱與「先生／小姐特銷會說明 .pdf」連接。換言之就是在 path 以 / 運算子連接 file_name，設定成 PDF 檔案輸出的路徑（out_path）（第 32 行）。

　　接著從第 33 行開始的，是建立 PDF 檔案的程式碼。

```
33  ├── cv = canvas.Canvas(str(out_path),
        pagesize=portrait(A4))
34  ├── cv.setTitle("特銷說明會導覽")
35  ├── pdfmetrics.registerFont(UnicodeCIDFont("HeiseiKakuG
        o-W5"))
```

於第 33 行程式建立 Canvas 物件之際，利用 str 函數將 out_path 轉換成字串，再將該字串指定為參數。此外，也將 portrait(A4) 指定給 pagesize，如此一來即可建立 A4 直向版面（Canvas）。

　　第 34 行的 setTitle 方法指定的「特銷說明會導覽」，是於開啟
PDF 檔案的內容時，顯示的標題。

　　第 35 行的 pdfmetrics.registerFont 方法，則用來新增字型。
HeiseiKakuGo-W5 是內建的標準字型，也可以透過指定字型檔案的
方法新增其他字型[*]。

　　第 36 行的 setFont 方法指定了字型與字型大小。pdfmetrics.
registerFont 方法建立與新增了 Font 物件，setFont 方法則指定目前
的字型與字型大小。

```
36  ├── cv.setFont("HeiseiKakuGo-W5", 12)
37  ├── cv.drawCentredString(6*cm, 27*cm, sh.cell(row,2).
        value + " " \
38  ├──├── + sh.cell(row,3).value + " 先生／小姐")
```

　　第 37 行以 drawCentredString 方法在版面繪製文字，參
數依序為 X 軸位置、Y 軸位置和要繪製的字串。顧名思義，
drawCentredString 方法會將參數指定的座標視為字串的中心點，再
於該中心點繪製字串。請注意下列設定的座標。

```
6*cm, 27*cm
```

　　6*cm 為 X 座標，27*cm 為 Y 座標。*cm 代表以公分為單位。

---

[*]　指定字型時，可直接在 pdfmetrics.registerFont 方法的參數，指定「HeiseiKakuGo-W5」
　　這種字型檔案的名稱，但從後續新增的 PDF 檔案的內容確認字型，會發現字型是 MS
　　PGothic 這個字型。

將字串的 X 座標中心點設定為 6*cm，讓公司名稱與負責人姓名在這裡顯示，算是合理的設定，但是 27*cm 的設定卻讓人覺得有點奇怪。其實這是因為 Reportlab 的原點（0,0）位於版面的左下角，所以 Y 軸的值越大，代表位置越上面，這部分跟 Excel 儲存格編號的原點（左上角）相反，所以設定時，請務必在大腦裡先轉換一下座標系統。

下一行的第 39 行則利用 line 方法在公司名稱 + 負責人姓名的下方畫線。

```
├──cv.line(1.8*cm, 26.8*cm,10.8*cm,26.8*cm)
```

參數依序為 x1,y1,x2,y2，而 ya,y2 為 26.8*cm，比 drawCentredString 方法的參數（第 37 行程式碼）還小一點，只要座標變小，位置就會稍微往下。

後續的第 40 ～ 44 行則是將主題與舉辦時間當成鍵，從字典 sale_dict 取得值，再繪製字串。

```
40  ├──cv.setFont("HeiseiKakuGo-W5", 14)
41  ├──cv.drawCentredString(10*cm, 24*cm, sale_dict["主題"])
42  ├──cv.setFont("HeiseiKakuGo-W5", 12)
43  ├──cv.drawString(2*cm, 22*cm, "舉辦時間：" + sale_dict
        ["舉辦時間"])
44  ├──cv.drawString(2*cm, 21*cm, "舉辦地點：" + sale_dict
        ["舉辦地點"])
```

　　第 40 ～ 41 行設定的是主題，所以將字級設定為略大的 14（第 40 行），也用 drawCentredString 方法指定主題位置（第 41 行）。

　　接著於第 43 ～ 44 行 drawString 方法繪製舉辦時間與舉辦地點。drawString 方法與 drawCentredString 方法的差異在於指定的 x 座標（2*cm）是字串的左側。

　　到目前為止，標題與舉辦時間都是較短的字串，那麼該如何繪製多行的長篇文章？此時要先以 beginText 方法建立 textobject。

```
46  ├──→ textobject = cv.beginText()
47  ├──→ textobject.setTextOrigin(2*cm, 19*cm,)
48  ├──→ textobject.setFont("HeiseiKakuGo-W5", 12)
49  ├──→ for line in sale_dict["導覽內容"]:
50  ├──→├──→ textobject.textOut(line)
51  ├──→├──→ textobject.moveCursor(0,14)
```

　　第 47 行的 setTextOrigin 方法指定的是文章的原點，第 49 行的 for 迴圈則以 sale_dic[" 導覽內容 '] 為處理範圍，此時傳回的值就是串列。從串列取得每一列的資料後，再透過 textOut 方法輸出至變數 line（第 50 行程式碼）。

　　下一行的 moveCursor(0,14) 或許有些難懂（第 51 行程式碼），不過參數就是 x 與 y 的偏移量。由於 x 軸不需要偏移，所以設定為 0（第一個參數），而 y 的偏移量則設定為正數的 14，如此一來，文章就會往下偏移，等於空出行距。一如前面的說明，ReportLab 的座標是以相反的方向設定，設定為正數，文章的位置會往下，負數則往下。

第 48 行將字型大小設定為 12，偏移量設定為 14 之後，行距就稍微拉開了。為了自訂資料撰寫程式時，可一邊撰寫程式碼，一邊調整字型大小與偏移量的數值，直到大小與位置恰到好處。

從第 53 行開始，就是繪製剛剛建立的 textobject。

```
53  ├── cv.drawText(textobject)
54  ├── now = datetime.datetime.now()
55  ├── cv.drawString(14.4*cm, 14.8*cm, now.
        strftime("%Y/%m/%d"))
56  ├── image =Image.open("..\data\logo.png")
57  ├── cv.drawInlineImage(image,13*cm,13*cm)
58  ├── cv.showPage()
59  ├── cv.save()
```

一開始，先以 drawText 方法繪製在剛剛的程式區塊建立的 textobject（第 53 行）。

第 54 行的 datetime.datetime.now() 則是透過 datatime 模組取得目前的日期與時間，再代入 now。Python 的標準函式庫 datatime 可完成日期與時間的處理。

datetime 物件可利用 strftime 方法指定字串的格式，所以這個程式也利用下列的程式碼繪製 PDF 檔案的製作日期。

```
now.strftime("%Y/%m/%d"))
```

此外，這個程式還載入了圖片。前提是準備以標誌圖片（logo.png）取代文字格式的自家公司名稱。要載入這個標誌可使用 PIL

函式庫的 Image.open()，取得要顯示的檔案（第 56 行程式碼），再以 drawInlineImage 方法繪製圖片（第 57 行程式碼）。

　　以上就是建立與繪製資料的完整流程。最後以 showPage 結束建立頁面的步驟，再以 save() 儲存為檔案（第 58 ～ 59 行程式碼）。如此一來，就能製作出檔案名稱為各家公司名稱與負責人的特銷說明會導覽 PDF 檔案。

　　此外，在製作特銷說明會導覽 .xlsx 時，要特別注意項目的位置，因為這個程式在取得導覽內容時，會從第 1 列開始取得，直到最後不為空白的列，所以最後的項目必須在最底下的位置輸入，而其他項目（主題與舉辦時間）則是根據鍵取得值，而鍵與值是一對一的對應關係，所以順序不那麼重要。

• •

　麻美：喂，千岳，寫了很多程式之後，發現 Python 真的能靈活地操作 Excel 的資料，不過我沒學過其他的程式語言，所以就算別人跟我說 Python 多好用，我也不知道到底是哪裡好。

　千岳：妳說得沒錯，不過請看看到目前為止寫過的程式。

　麻美：就是要開啟 Visual Studio Code 吧！

　千岳：不管什麼程式，大概都只有 50 行左右對吧！ Python 就是能利用這麼短的程式碼寫出需要的功能。

麻美：真的耶，那用其他的程式語言寫，程式碼會更長嗎？

千岳：如果是這次製作的程式，很多程式語言都得寫到幾百行。

麻美：幾百行！怎麼差那麼多，但是為什麼會差這麼多呢？

千岳：因為制式的語法太多，所以每一行程式碼所代表的功能會有單位或粒度上的差異。

麻美：喔，原來不是都一樣啊！

千岳：程式設計師這類以程式設計為生的人，會預設各種情況，撰寫更長的程式。對他們來說，程式設計是工作，但妳跟我不可能一直都在寫程式吧？

麻美：的確，這段時間都一直待在電腦前面學寫程式，常常都被人說我在玩。我明明就學得很認真啊！

千岳：要在工作空檔寫出需要的程式的話，Python 可說是非常適合的程式設計語言！

麻美：對啊，我也要多努力一點，才能用好 Python。

千岳：麻美，妳知道 Python 這個字的意思是球蟒嗎？麻美的話，一定能成為屬害的弄蛇人！

麻美：夠了喔，千岳，你在說什麼傻話啊！

∙∙

千岳與麻美似乎因為學習 Python 而變得稍微親近了，或許你
也已經感受到 Excel 與 Python 的關係有多麼密切了。

結語

Python 幫你把重複的作業自動化

　　感謝你讀到最後。第 7 章提出的 RPA，可能各位讀者已經聽過，而 RPA 的全寫為 Robotics Process Automation（機器人流程自動化），可能有些讀者覺得，RPA 是很高端或很昂貴的東西，跟自己沒什麼關係吧？

　　本書推薦的 RPA 都是很適合普羅大眾使用的 RPA，換言之，就是上班族透過程式，有效率地處理 Excel 這類日常使用的檔案，讓工作變得更有效率的 RPA。在此稍微介紹一下這些適合普羅大眾使用的 RPA。

　　Robotics（機器人）指的是軟體的機器人，也就是能完成一連串背景操作的程式，主要的操作包含透過電腦或網路自動搜尋與篩選資料，再自行進行計算或執行某些處理，大家不用把這種程式想得太複雜，但 RPA 不一定需要有 AI 的智慧。

　　說到職場常見的 Excel 操作，莫過於將工作表的資料轉存至另一張工作表，或是在轉存資料時，調換列與欄的位置，以及統計這些資料，最後再將這些資料繪製成圖表。

　　這一連串的作業都是交由電腦完成，所以乍看之下，電腦好像很有智慧，但其實不過是一連串再簡單不過的重複作業。若以工作的生產線比喻，這一連串的重複作業，就像是將品質檢驗完成的產品放入紙箱一樣。明明工廠眾多的重複作業，都已交由機器人負責，但白領職場居然還是因為繁多的例行公事浪費不少時間。

　　將文字格式的資料存成 Excel 檔案；將 Excel 的工作表資料轉存至另一張工作表；將 Excel 的資料轉存至功能單一的業務系統。Excel 雖然好用，但這些用途都還殘留許多需要人力操作的部分。如果使用 Python 程式自動完成這些部分，說不定可節省不少人力，原本需要耗費 20 個小時才能完成的事務性工作，可能 5 小時就能完成，那多出來的 15 個小時要拿來做什麼？光想就讓人覺得開心不是嗎？

　　請大家從日常生活尋找學習 RPA 的主題。

MEMO

翻轉學 翻轉學系列 067

【圖解】零基礎入門 Excel×Python 高效工作術

輕鬆匯入大量資料、交叉分析、繪製圖表，
連 PDF 轉檔都能自動化處理，讓效率倍增

Excel × Python 最速仕事術

作　　者　金宏和實
審　　定　蔡明亨
譯　　者　許郁文
總 編 輯　何玉美
主　　編　林俊安
責任編輯　袁于善
特約編輯　許景理
封面設計　張天薪
內文排版　黃雅芬

出版發行　采實文化事業股份有限公司
行銷企畫　陳佩宜‧黃于庭‧蔡雨庭‧陳豫萱‧黃安汝
業務發行　張世明‧林踏欣‧林坤蓉‧王貞玉‧張惠屏
國際版權　王俐雯‧林冠妤
印務採購　曾玉霞
會計行政　王雅蕙‧李韶婉‧簡佩鈺
法律顧問　第一國際法律事務所　余淑杏律師
電子信箱　acme@acmebook.com.tw
采實官網　www.acmebook.com.tw
采實臉書　www.facebook.com/acmebook01

I S B N　978-986-507-475-3
定　　價　500 元
初版一刷　2021 年 9 月
劃撥帳號　50148859
劃撥戶名　采實文化事業股份有限公司
　　　　　104 台北市中山區南京東路二段 95 號 9 樓
　　　　　電話：(02)2511-9798　傳真：(02)2571-3298

國家圖書館出版品預行編目資料

【圖解】零基礎入門Excel×Python 高效工作術：輕鬆匯入大量資料、交叉分析、繪
製圖表，連PDF 轉檔都能自動化處理，讓效率倍增/ 金宏和實著；蔡明亨審定；許
郁文譯. – 台北市：采實文化，2021.9
304 面；17×21.5 公分 . --（翻轉學系列；67）
譯自：Excel × Python 最速仕事術
ISBN 978-986-507-475-3（平裝）

1.EXCEL(電腦程式) 2.Python(電腦程式語言)

312.49E9　　　　　　　　　　　　　　　　　　110010227

Excel × Python 最速仕事術
EXCEL × PYTHON SAISOKU SHIGOTOJUTSU by Kazumi Kanehiro
Copyright © 2019 by Kazumi Kanehiro. All rights reserved.
Originally published in Japan by Nikkei Business Publications, Inc.
Traditional Chinese edition published by ACME Publishing Co., Ltd.
Traditional Chinese translation rights arranged with Nikkei Business Publications, Inc.
through Keio Cultural Enterprise Co., Ltd.

采實出版集團
ACME PUBLISHING GROUP

翻轉學

翻轉學